环境检测信息服务系统开发实践

基于 ASP. NET Core MVC 和 EF Core 技术架构

Development Practice of Environment Detection Information Service System

王 新 著

北 京

冶 金 工 业 出 版 社

2018

内 容 提 要

本书内容基于环境检测信息服务系统的设计开发实践编著而成。全书分为6章，主要内容包括环境检测信息服务系统概述、建立环境检测信息服务系统项目、MVC 架构及其应用、EF 架构与实体模型设计、前台功能设计与实现、后台功能设计与实现等。本书内容注重实践，实例丰富，层次有序，结构鲜明。

本书适合计算机软件开发初学者、大中专学生及相关技术人员阅读，也可作为高等和高职院校教材。第 2~6 章配有代码电子版，读者可扫二维码获取。

图书在版编目 (CIP) 数据

环境检测信息服务系统开发实践：基于 ASP. NET Core MVC 和 EF Core 技术架构／王新著 . —北京：冶金工业出版社，2018.7

ISBN 978-7-5024-7826-1

Ⅰ.①环… Ⅱ.①王… Ⅲ.①环境监测—信息系统—系统开发 Ⅳ.①X83

中国版本图书馆 CIP 数据核字（2018）第 147724 号

出 版 人 谭学余
地　　址　北京市东城区嵩祝院北巷 39 号　邮编　100009　电话　(010)64027926
网　　址　www.cnmip.com.cn　电子信箱　yjcbs@cnmip.com.cn
责任编辑　杜婷婷　美术编辑　彭子赫　版式设计　孙跃红
责任校对　王永欣　责任印制　牛晓波
ISBN 978-7-5024-7826-1
冶金工业出版社出版发行；各地新华书店经销；固安华明印业有限公司印刷
2018 年 7 月第 1 版，2018 年 7 月第 1 次印刷
169mm×239mm；18.5 印张；363 千字；286 页
78.00 元
冶金工业出版社　投稿电话　(010)64027932　投稿信箱　tougao@cnmip.com.cn
冶金工业出版社营销中心　电话　(010)64044283　传真　(010)64027893
冶金书店　地址　北京市东四西大街 46 号(100010)　电话　(010)65289081(兼传真)
冶金工业出版社天猫旗舰店　yjgycbs.tmall.com
（本书如有印装质量问题，本社营销中心负责退换）

前　　言

环境检测信息服务系统是在 Visual Studio 2017 集成环境中，利用 ASP. NET Core MVC 和 EF Core 相结合建设开发而成的，是基于 WEB 的管理信息系统。ASP. NET Core 平台实现了 MVC 和 EF 技术的完美结合，辅助以衍生的工具，提高了项目建设开发的速度和运行的可靠性，为企业 WEB 项目的建设开发提供了强力的技术支持基础。本书以此项目内容为基础编著而成，重点介绍了 MVC 和 EF Core 架构在基于 WEB 模式下企业管理信息系统的开发应用。

ASP. NET Core 发展速度很快，从 1.0 到目前的 2.0，不过 1 年时间，和 ASP. NET 相比，实现了跨平台运行。MVC 模式带来全新的开发者体验，ASP. NET Core 整合了新模板系统，经由单一入口即可完成所有 Web 模板的选择，EF Core 技术提供了实体模型定义和数据库管理的高度独立性，实现了"一次定义、多处应用"的优化模式。

MVC 自应用以来，其关注程度不断提高，在 ASP. NET Core 技术体系中，在 WEB 项目的建设开发应用方面，MVC 大行其道，适用面很广，同时，来自于其他商家类似开发模式的工具也在出现，足以说明其技术架构的先进性。目前 ASP. NET Core 的技术版本号已经发展到 2. xx，EF 技术也从原来的 EntityFramework 6 提升为 EntityFramework 7，现在称之为 EntityFramework Core，简称 EF Core。基于 ASP. NET Core 技术架构上的 MVC 和 EF Core 相结合的技术融合，从质量和速度方面为 Web 应用系统的开发建设实现了惊人的飞跃，并且成为此领域代表性的平台。MVC 和 EF Core 技术的推动者仍然在努力，技术性能将不断提升和完善。

环境检测管理业务的特点表现在业务区域广、时间周期长、参与部门多、工作责任大。如何规范业务标准、加强科学管理、减少重复流程、共享监测成果、有效推进监测业务科学化、数据处理快速化和智能化、有力辅助决策是相关管理部门的重要任务，也是管理决策者所面临的管理效率瓶颈问题。

以"环境检测产品项目"为研究和管理对象，确定数据处理中心点，以此为核心，运用 MVC 和 EF Core 模式进行监测业务流程设计和数据模型设计，是环境检测信息服务系统建设和开发的主导思想，应用系统开发的目标是界面友好、操作简单、关系明晰、充分共享。

系统业务逻辑和数据处理算法并非想象之复杂，环境检测信息服务业务重点是在运营过程中相关数据记录和后期的数据处理分析。数据库设计完成后，系统开发工作量是数据分析算法和相关功能实现所要求的数据视图。根据之前项目建设和开发的经历，认为 MVC 和 EF Core 模式是不错的工具，因为其特有的建立在分层技术（包括模型、控制和视图）上的模板是快速建立数据表视图和实现 CRUD 操作的控制器设计基础。

本书内容编写具有以下特点：

（1）系统建设与开发综合了软件工程领域中的多种方式和方法，并通过管理信息系统学科，说明信息处理与信息系统，特别是管理信息系统的建设对推动企业或组织发展的重要作用。

（2）以实例为基础，以开发过程为线索，在说明系统建设内容的同时，说明相关开发技术和方法的使用或运用。案例完整，系统性强。

（3）MVC 和 EF Core 系统实现的基础和关键技术，实例多，内容逻辑关联多，注意方法与原理，可以举一反三，融会贯通，其方法通过实例运行后更容易掌握。

（4）系统功能设计实现是最后章节内容，便于系统的综合应用研究与集成调试。

（5）代码经过严格测试，排除了各种错误，包括数据模型定义的关系不全面而可能产生的"伪错误"。

本书由"北京市智能物流系统协同创新中心"资助出版，对此表示衷心的感谢。

书中不足和疏漏之处，希望读者不吝指导，提出宝贵建议和意见。

作 者

2018 年 2 月

目　　录

1 环境检测信息服务系统概述

环境检测信息服务系统是建立在环境检测单位和用户之间的第三方信息服务平台。系统目标是利用互联网和物联网技术，建立第三方信息共享平台，为环境检测需求和任务实现提供全方位的专业化服务。系统实现所使用的前台开发工具为 Visual Studio 2017，系统架构基于 ASP. NET Core 和 EF7。本章主要内容如下：

1.1 环境检测第三方服务业务

1.2 系统建设内容

1.3 管理对象分析

1.1 环境检测第三方服务业务●

环境检测业务主要是指检测机构应生产、生活的要求，参照国家和行业标准，对人类所在的生产和生活环境可能存在的有害物质进行检测的过程。

检测机构通常是指有能力提供检测服务的专业机构，有国家、地方、私有等形式存在，在此统称为"检测单位"，其所能提供的具体检测业务和检测范围根据相应资质确定。

检测业务的内容包括所有与环境安全相关的领域，例如大气、土壤、家装、工程、材料等。

提出检测需求的一方称为"客户"，来源于不同的行业或个人。

由于检测业务的专业化和需求来源的多样化，检测机构和客户之间存在信息不对称现象，彼此交流障碍重重，方案设计难以符合要求，检测过程难以有效监控，检测结果难以说明。因此，第三方或第四方环境检测服务机构应运而生。

第三方环境检测服务机构是介于检测机构和客户之间的第三方服务平台，其特点是专业化、规范化，公开公正，基于双方立场，提供关于环境检测业务的全方位服务。其工作方针是：方案设计—检测产品、前期准备、检测监理、进度控

● 根据实朴环境检测有限责任公司业务为基础整理。

制、质量控制、造价控制、整体协调等，将"设计、控制、管理、协调"集于一体。

1.1.1 方案设计—检测产品

环境检测方案设计的主要任务是根据市场和客户需求，综合考虑检测单位的业务能力，提出检测方案，并以产品形式加以表现说明。

1.1.1.1 环境检测技术服务机构

方案设计首先根据国家环境检测的要求，依据相关法律、法规和许可，前提是可操作性。因此建立相应的环境检测服务机构是首要任务。环境检测服务机构根据业务应由设计部、技术部、外联部、监理部、调度部等组成，并根据业务开展情况和市场需求进行适时调整，在此基础上配备所需要的工作人员，根据相应的职责分配任务，并在平台上及时展示。

机构中的岗位有项目设计工程师、项目实施总工程师、项目监理工程师、专业技术员等，每个岗位上的工作人员根据岗位职责，负责相应的工作和任务。

1.1.1.2 设计方案与产品

方案和产品是平台服务的核心，根据客户需求、检测单位实力和市场发展，综合考虑，设计符合环境检测业务的方案，是首要任务，也是服务的主要目的。方案的设计需要和客户、检测单位反复交流和沟通，最终以产品的形式存在于平台，以供选择。

1.1.1.3 客户需求管理

客户是服务对象，客户需求管理分为三个阶段：收集信息，客户以不同的方式，以自己的认识角度提出各种要求，我们要从专业技术的基础出发，加以说明，将专业化的难以理解的事项转换为通俗的大众化的方案；组织实施，客户选择检测产品后，立即组织实施，并在其实施过程中及时解决各种可能的事项，作好度量和记录，及时反馈，并进行全程参与和监督监理；提出建议，环境检测的结果以文件汇总的形式告知客户，根据检测的结果为客户提出合理化的整改方案，并负责向用户解释一切相关事宜。

1.1.1.4 核查审阅相关资料

检测资料分为文字资料、图片资料、录像资料和客户资料，需要收集整理，分别审阅检查。审阅检查内容及要求如图1-1所示。

1.1.1.5 编制实施细则

检测实施是一项复杂的工程，涉及多个方面，顺利实施并完成，需要总工程师组织项目工作人员，制定详细的具体实施细则。

检测订单（项目）概况分析：名称、地点、距离、规模、类型、特点，详

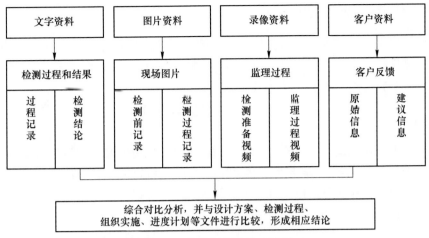

图 1-1 相关材料及检查审阅

细记录并出具书面报告；检测单位名录，包括辅助检测单位的任务与协作及时做出规划；用户现场布局、各种准备工作及时到位；检测方案和检测所要使用的设备、工具、方法——确认。

检测范围和目标确定：明确监测工作范围及工作内容、工期控制目标、工期质量控制目标、工程造价控制目标等。

项目进程控制计划：确定工期控制目标，分解进度计划、合理编制进度控制程序、进度控制要点、控制进度风险指标等。

检测质量控制：质量控制指标的分解、质量控制程序、质量控制要点、控制质量风险的措施等。

检测费用控制：确定各个阶段的费用，防止额外增加，设计计划控制程序、费用控制要点、风险的措施等。

合同及其他事项管理：检测内容和要求明确，项目变更方案合理，做好索赔管理、程序手续管理，争议协调方法等方面的要点及说明。

检测项目及组织情况说明：组织形式，人员情况，职责分工，人员进场计划安排等。

检测工作管理制度：信息和资料管理制度，检测工作报告制度，其他检测工作制度。

综上所述，完成项目检测的实施细则包括的内容有检测项目说明、专业技术实施特点、检测工作的流程、检测工作的控制要点及目标值、检测工作的方法及措施等。

在具体检测项目实施过程中，实施细则应根据实际情况进行补充、修改和完善。

1.1.2　检测准备阶段的工作

检测项目开始准备阶段的工作内容主要包括方案设计、审核检测项目组织、查验检测现场、组织现场会议、检测监理方案、核查开工条件。

1.1.2.1　方案设计

首先，在平台主管主持下，各检测单位的项目负责人、客户及相关人员参加。

主管工程师需要了解检测的内容：检测单位对项目的要求；检测现场的自然条件（地形、地貌等），客户的具体要求；设计主导思想，熟悉环境要求与环境结构，使用的设计规范，检测具体内容和等级，基础设计，主体结构设计，装修设计，设备设计（设备造型）；对基础、结构及周围环境的要求，对建材的要求，对使用新技术、新工艺、新材料的要求，对检测过程中特别注意事项的说明；检测单位对检测对象，包括客户配合要求以及所提出问题的答复。

重要的是认真记录，收集整理（设计格式）。所有有关检测项目的环节，必须经检测单位、客户等各方签认。

1.1.2.2　审核检测项目组织

检测项目组织设计（检测方案）的审核程序如下：第一，检测单位在开工前向平台报送检测组织设计（检测方案），填写相关报表；第二，主管工程师组织审查并核准，需要修改的，由主管工程师签署意见并退回检测单位，修改后再报，重新审核；第三，对于重点项目，主管工程师还需要报告相关技术负责人审核后，再由主管工程师确认，选择检测单位；第四，检测过程中，检测单位需要修改的，仍需要报主管工程师审核同意；第五，规模较大、工艺较复杂、群体性或需要分期的项目，可分阶段报批检测组织设计；第六，技术复杂或采用新技术的分项、分部工程，检测单位需要编制相应的检测方案，报送主管工程师审核。

检测施工组织设计（施工方案）的审核内容如下：检测单位的审批手续是否齐全、有效；检测总平面布置示意图是否合理；检测施工布置是否合理、检测方案是否可行、质量保证措施是否可靠并具有针对性；工期安排是否满足合同要求；计划是否能保证检测工作的连续性和均衡性，所需的人力、材料、设备的配置与进度计划是否协调；检测单位项目经理部的质量管理体系、技术管理体系和质量保证体系是否健全；安全、环保、消防和文明施工措施是否符合有关规定；季节施工方案和专项施工方案的可行性、合理性和先进性；主管工程师认为应审核的其他内容。

1.1.2.3　查验检测现场

查验检测现场布局的内容如下：检测现场布局；检测单位专职测量人员的岗

位证书及测量设备检定证书；检测单位填写相关的报表，记录检测测量方案、检测设备、检测步骤；相应的安全保护措施是否有效。

1.1.2.4　组织现场会议

参会人员：检测单位驻现场代表及有关职能人员；项目主管工程师，客户主要人员；其他相关人员。

会议内容：检测单位负责人接受检测授权，说明检测有关事宜；主管工程师宣布驻现场代表（项目经理部经理）；客户要求陈述；组织管理机构、人员及其专业、职务分工；项目经理汇报施工现场准备的情况；会议各方确定协调的方式、参加例会的人员、时间及安排；其他事项。

现场会议结束后，由主管工程师负责整理编印会议纪要，并分发有关各方。

1.1.2.5　检测监理方案

过程监理方案由总主管工程师主持设计，参加人员有检测单位项目经理、客户相关人员、相关技术和职能人员。主要内容包括：明确适用的有关环境检测的政策、法令、法规等；阐明有关合同中约定的各方权利和义务；介绍检测工作内容；介绍检测工作的基本程序和方法；提出有关报表的报审要求及工程资料的管理要求。

最后，由项目主管工程师编写会议纪要，并发各方。

1.1.2.6　核查开工条件

核查开工条件的工作和程序内容如下：第一，检测单位认为达到开工条件时应向主管工程师申报"检测动工报审表"。第二，主管工程师进行检查，检查内容有：政府主管部门已签发的有关环境检测相关许可证；检测单位检测程序已经由项目主管工程师审核；检测设备已查验合格；检测单位项目经理部人员已到位、相关检测人员、检测设备已按计划进场，主要材料供应已落实；现场安全设施，比如道路、水、电、通信等已达到开工条件。第三，主管工程师审核认为具备开工条件时，由平台总技术工程师在相关文件上签署意见，并报相关单位和人员。

1.1.3　检测进度控制

检测进度控制依据产品说明和相关合同约定的工期目标，在确保检测质量和安全并符合项目费用的原则下，采用动态的控制方法，对检测过程和相关事项进行主动控制。

1.1.3.1　检测进度控制的基本程序

检测进度控制的基本程序如图1-2所示。

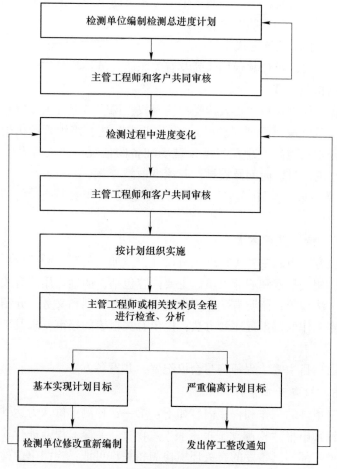

图 1-2　检测进度控制的基本程序

1.1.3.2　检测进度控制的内容和方法

检查进度计划：根据产品说明和相关合同约定，各方充分协商，编制检测进度计划和具体实施措施，包括各个环节和可能的季节性因素的影响，共同审查确认；主管工程师根据检测项目的要求和现场的条件（作业规模、质量标准、复杂程度等）及检测队伍的条件，全面分析所编制的检测进度计划的合理性、可行性；检测进度计划应符合相关合同和客户要求，确定开工、竣工日期规定，可以用横道图或网络图表示，并附有文字说明，各个参与方对网络计划的关键路线进行审查、分析；对特别抽出的进度计划，同时编写所使用主要材料、检测方法、设备的采购及进场时间等计划安排；各方共同对进度目标进行风险分析，制定防范性对策，确定进度控制方案；进度计划一旦确定，及时报送各方持有，需要重新修改，应限时要求，各方重新编制申报。

进度计划的实施监督：检测项目小组应依据进度计划，对检测各个阶段实际进度进行跟踪监督检查，实施动态控制；定期进行，并对当前进度与计划进度比较的结果进行分析、评价，发现偏离应签发相关通知，及时采取措施，实现计划进度目标；如果工期较长，要求检测单位每月报告检测动态报告。

检测进度计划的调整：发现检测进度严重偏离计划时，主管工程师应组织各方相关技术人员进行原因分析，召开各方协调会议，研究应采取的措施，并与客户协商，采取相应调整措施，保证合同约定目标的实现。主管工程师应以书面报告的形式向各方报告检测进度情况和所采取的控制措施的执行情况，对于可能出现延误工期的因素，提出合理预防建议；必须延长工期时，应填写相关的书面报告，各方协商确定；主管工程师依据相关情况，与各方充分协商，共同签署工程延期说明书，并据此重新调整检测进度计划。

1.1.4 检测质量控制

以检测项目质量验收统一标准及验收规范等为依据，监督检测过程，保证实现规定的质量目标；对检测项目所要求的实施过程进行质量控制，以质量预控为重点；对检测项目的人、机、料、法、环等因素进行全面的质量控制，监督各个环节的质量管理体系、技术管理体系和质量保证体系落实到位；严格要求检测单位执行有关材料、检测方法和设备检验制度；坚持不合格的过程、方法和操作不准在检测过程中使用；坚持本工序质量不合格或未进行验收不予签认，下一道工序不得进行。

检测质量控制的内容包括事前控制、事中控制、完成验收、问题和事故处理等。

1.1.4.1 检测质量的事前控制

核查检测过程的质量管理体系，包括：检测组织的机构设置、人员配备、职责与分工的落实情况；各级专职质量检查人员的配备情况；各级管理人员及专业操作人员的持证情况；检查项目规定的质量管理制度是否健全。审查检测单位和试验室的资质，并以书面报告形式出具相关报告；核查检测单位的营业执照、企业资质等级证书、专业许可证、岗位证书等；核查检测单位的业绩；经审查合格，签批相关的通过报告；查验试验室资质。查验检测单位的检测设备和检测方法，要求检测单位填写有关的文件，并检测业绩记录。签认方案的报验，要求检测单位应按有关规定对主要检测方法进行复试，并将复试结果及材料备案资料、出厂质量证明等。签认设备报验，审查构配件和设备厂家的资质证明及产品合格证明、进口材料和设备商检证明，并要求检测单位按规定进行复试。应参与加工订货厂家的考察、评审，根据合同的约定参与订货合同的拟定和签约工作。合格后，填写有关报表。检查进场的主要施工设备，要求检测单位在主要检测设备进场并调试合格后，填写有关报表。审查主要分部（分项）检测方案，要求检测单位对某些主要分部（分项）检测或重点部位、关键工序在检测前，将检测方案工艺、原材料使用、劳动力配置、质量保证措施等情况编写专项方案。

1.1.4.2　检测过程中的质量控制

第一，应对检测现场有目的地进行巡视和旁站，发现的问题，及时要求检测单位予以纠正，并记入项目工作日志。第二，对所发现的问题可先口头通知各方并协商改正，并及时签发相关的备忘录，检测单位提出整改结果，形成书面报告各方确认，主管工程师进行复查。第三，核查检测项目的预检，要求有关单位填写预检工程检查记录，报送项目主管部核查。第四，查验隐蔽工程，检测单位按有关规定对隐蔽的项目先进行自检，自检合格，将隐蔽项目检查记录报送项目主管部，对隐蔽项目检查记录的内容到现场进行检测、核查，对隐检不合格的内容，应填写书面报表，要求检测单位整改，合格后再予以复查。第五，分项检测验收，要求检测单位在一个检验批或分项检测完成并自检合格后，填写分项/分部工程检测报验表书面报告，对报验的资料进行审查，并到检测现场进行抽检、核查，签认符合要求的分项检测，对不符合要求的分项检测，如实记录，要求检测单位及时整改到位。

1.1.4.3　项目完工验收

第一，对发现影响完成验收的问题，签发书面通知，检测单位进行整改。第二，主管工程师组织完工预验收，要求检测单位在工程项目自检合格并达到完工验收条件时，填写申请表，并附相应竣工资料（包括合作单位的完工资料），申请完工预验收。第三，主管工程师组织相关技术人员和检测单位共同对检测项目进行检查验收，经验收需要对局部进行整改的，应在整改符合要求后再验收，直至符合合同要求，主管工程师签署竣工预验收报验报表。第四，预验收合格后，主管工程师应对工程提出质量评估报告，整理检测资料，检测质量评估报告必须经主管工程师和相关技术负责人审核签字。检测质量评估报告主要内容包括项目概况、检测单位基本情况、主要采取的检测方法、现场情况和现场环境的质量状况、检测过程中发生过的质量事故和主要质量问题及其原因分析和处理结果，对检测质量的综合评估意见。第五，完工验收完成后，由项目主管工程师和客户代表共同签署完工移交证书，相关各方签字后各持一份。

1.1.4.4　质量问题和质量事故处理

第一，对可以通过重新检测或部分重新检测弥补的质量缺陷，配合检测单位先写出质量问题调查报告，提出处理方案；主管工程师审核后（经各方认可），批复检测单位处理。处理结果应重新进行验收。第二，对需要增加补测的质量问题，主管工程师应签发暂停的书面通知，配合检测单位写出质量问题调查报告，由各方协商，共同提出处理方案，并征得客户同意，批复检测单位处理。处理结果应重新进行验收。第三，主管工程师应将完整的质量问题处理记录归档。第四，检测过程中发生的质量事故，检测单位应按有关规定上报处理，主管工程师应书面报告监理相关各方。

相关环节质量控制的基本程序如图1-3所示。

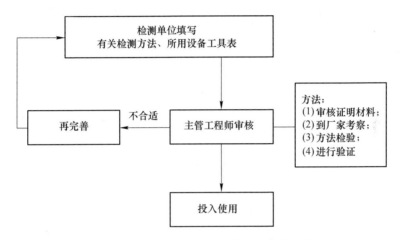

图1-3　工程材料、构配件和设备质量控制基本程序

1.1.5　检测费用控制

1.1.5.1　检测费用控制基本程序

检测费用控制基本程序包括产品定价基本程序和检测费用完工结算基本程序，分别如图1-4和图1-5所示。

1.1.5.2　工作内容

第一，应严格执行检测项目工作计量和产品定价的程序和时限要求，及时与客户、检测单位沟通信息，提出产品定价控制的建议。第二，检测项目计量，原则上按产品单价计量，以数量为单位，检测单位应以每个产品项目为依据，根据工程实际进度及主管工程师签认的分项检测，定期上报完成工作量。第三，主管工程师对检测单位的能力进行核实，必要时应与检测单位协商，所计量的工作量应经主管工程师同意，由各相关技术人员签认，对某些特定的分项、分部检测的计量方法则由各方协商约定。第四，检测费用支付分为"订单预付款"和"补充支付款"两个部分。客户订购产品及其数量并计算应付费用，检测单位完成检测任务后向平台管理部申请费用，主管工程师审核是否符

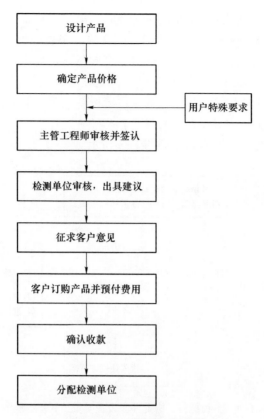

图1-4   产品定价基本程序

合要求，签发工程付款通知，主管工程师应按合同的约定，及时抵扣产品预付款。第五，检测项目完成后，经过各方共同验收，或平台主管工程师主持独立验收。合格后，检测单位应在规定的时间内向主管工程师提交完工结算资料，并及时进行审核，与客户协商和协调，提出审核意见。主管工程师根据各方协商的结论，签结算补充费用报告，通知客户支付附加项目所发生的费用款，完成相关的结算有关事项。

1.1.6   合同及其他事项管理

检测项目有关的合同及其他事项管理的内容包括订单变更管理、暂停及复工管理、

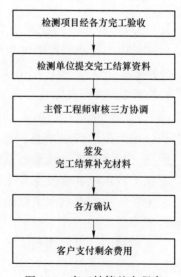

图1-5   完工结算基本程序

延期管理、费用索赔管理、合同争议协调、违约处理等。

1.1.6.1 订单变更管理

订单变更管理的程序如图1-6所示。

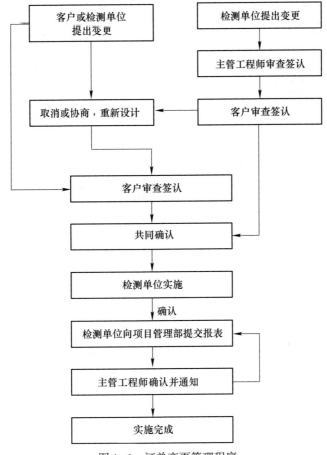

图1-6 订单变更管理程序

订单变更要求可以由平台、主管工程师、检测单位等提出，不管是哪方提出，都应填写相应的书面报告，根据程序要求，变更实施后，检测单位应向平台管理部提出书面报告，以便结算使用。

1.1.6.2 暂停及复工管理

检测项目暂停及复工管理的基本程序如图1-7所示。

不管是哪方原因引起的需要检测暂停的事件，由主管工程师签发暂停令报告和通知；检测暂停后联合有关各方，分析原因，找出问题，消除暂停原因；在主管工程师的监督下，由检测单位及时填写相关文件，认为原因消除、具备复工条件时签发，检测单位才能继续施工。

1.1.6.3　检测延期管理

检测延期管理的基本程序如图1-8所示。

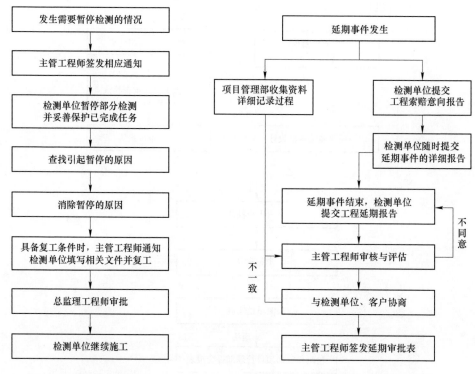

图1-7　检测暂停及复工　　　　图1-8　工程延期管理的基本程序
　　　管理基本程序

首先，工程延期事件发生后，检测单位根据收集到的资料，填写延期申请报告书；主管工程师审核后，与检测单位、客户等协商，回复同意或不同意意见；同意后，签发检测延期审批表报告。

1.1.6.4　费用索赔管理

费用索赔管理的基本程序如图1-9所示。

首先，检测费用索赔事件发生后，检测单位根据收集到的资料，填写费用索赔申请表报告；主管工程师审核后，与检测单位、客户等协商，回复同意或不同意意见；同意后，签发费用索赔审批表报告。

1.1.6.5　合同争议调解

合同争议调解的基本程序如图1-10所示。

合同争议事件发生后，争议一方或双方向平台管理部提出调解申请；接到调解申请后，主管工程师根据调查情况，提出调解意见，并通过书面报告通知双方

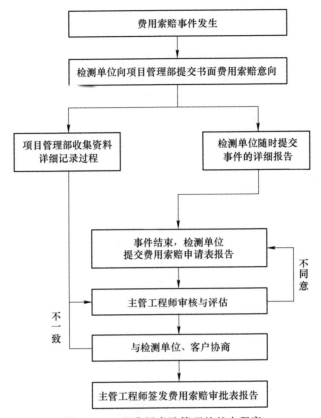

图1-9 工程费用索赔管理的基本程序

进行调解；双方同意，调解成功，否则不成功，通过其他途径解决（不在管理范围）。

1.1.6.6 违约处理

违约处理的程序如图1-11所示。

首先，确认违约事件，违约事件发生后，相关方向平台提出申诉报告；平台管理部调查、分析、取证，填写书面报告，通知另一方，协商处理。

1.1.7 其他工作

其他工作包括定期会议、检测保修期管理、检测报告、检测工作总结、检测资料管理与归档、监理考核等。

工地会议分为前期、例会、专题会议。前期会议要求项目相关各方参加，协商检测有关事宜；管理例会由主管总工程师或其他管理人员主持，定期召开；专题会议根据需要召开。

检测项目事后保修期管理要求做好定期回访记录。

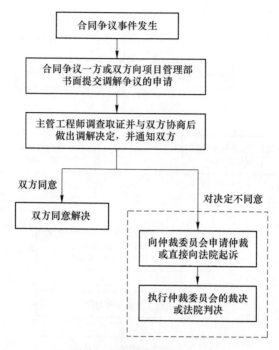

图 1-10 合同争议调解的基本程序

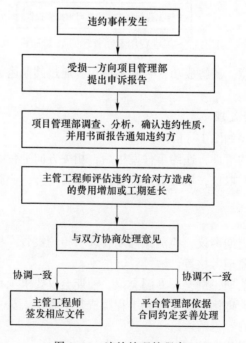

图 1-11 违约处理的程序

检测报告的格式和内容参照平台公告，要求每月自动生成。

检测工作结束后，平台管理部向客户提交检测工作总结，内容包括：项目概况；检测组织机构、检测人员和投入的检测设备；检测合同履行情况；检测工作成效，检测过程中出现的问题及处理情况和建议；检测照片等。

检测管理资料管理与归档要求收集齐全，台账及时，随时呈报。

平台管理部对检测项目完成情况进行的考核要求及时进行。对考核中发现的问题应及时填写书面说明书，要求项目各方进行纠正，并制定相应有效的预防措施。根据问题的数量和情节应对当事人进行教育、批评、通报，直至撤换不称职的相关人员。

1.2 系统建设内容

环境检测信息服务系统建设开发的目标是建设环境检测管理信息化、智能化、异地办公、数据共享，在此基础上，积累数据，运用数学方法，辅助决策。

1.2.1 检测业务逻辑分析

检测业务从产品管理为出发点，提出管理模式，收集环境检测的有关数据。总体逻辑如图 1-12 所示。

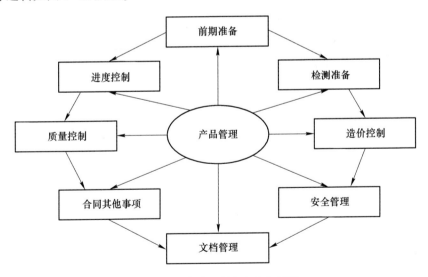

图 1-12　建设工程监理业务逻辑

1.2.1.1 产品管理业务逻辑

产品管理业务内容包括产品设计、定价调整、状态调整、信息修改、确认发布等，管理过程如图 1-13 所示。

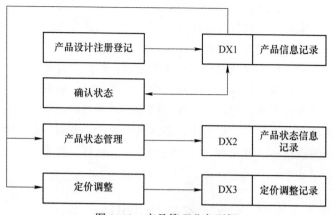

图 1-13 产品管理业务逻辑

图 1-13 中，各个业务或操作是通过"数据存储"对象联结，这样有助于说明业务逻辑与数据存储之间的关系，同时说明业务所使用的数据存储对象（后同，不再单独说明）。

1.2.1.2 前期准备

前期准备主要是客户订购过程，工作主要包括产品查询、产品订购、地址确定、检测单位确认、审阅客户订单、编制检测规划和检测实施细则等，其业务逻辑如图 1-14 所示。

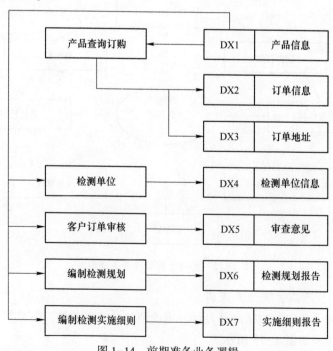

图 1-14 前期准备业务逻辑

1.2.1.3　检测准备

检测准备阶段的业务主要包括设计交底、审核检测方案、审查检测单位、组织检测会议、检测实施报告、核查开工条件等，其业务逻辑如图 1-15 所示。

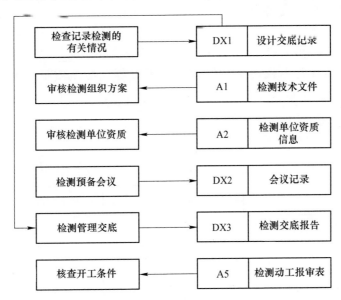

图 1-15　检测准备阶段的业务逻辑

1.2.1.4　进度控制

检测进度控制的主要业务包括审批进度计划、监督实施、计划调整等，其业务逻辑如图 1-16 所示。

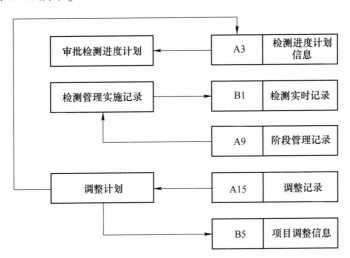

图 1-16　检测进度控制业务逻辑

1.2.1.5 质量控制

检测质量控制分为事前控制、事中控制、完工验收和事故处理。事前控制包括核查质量管理体系、审查检测单位资质、查验检测环境情况、签认材料报验、签认设备报验、检查进场检测设备、审查详细方案等；事中控制包括现场巡视记录、核查检测预检、验收特殊要求、专项验收等；工程完工验收包括检查工程质量并记录、组织完工验收、组织完工移交等；事故处理包括日常巡视记录、处理发生事故等。检测质量控制业务逻辑如图 1-17 所示。

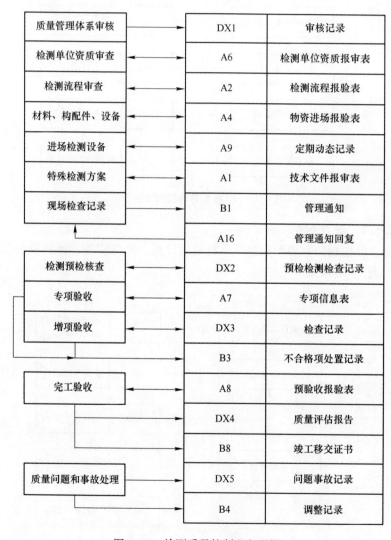

质量管理体系审核	DX1	审核记录
检测单位资质审查	A6	检测单位资质报审表
检测流程审查	A2	检测流程报验表
材料、构配件、设备	A4	物资进场报验表
进场检测设备	A9	定期动态记录
特殊检测方案	A1	技术文件报审表
现场检查记录	B1	管理通知
	A16	管理通知回复
检测预检核查	DX2	预检检测检查记录
专项验收	A7	专项信息表
增项验收	DX3	检查记录
	B3	不合格项处置记录
完工验收	A8	预验收报验表
	DX4	质量评估报告
	B8	竣工移交证书
质量问题和事故处理	DX5	问题事故记录
	B4	调整记录

图 1-17　检测质量控制业务逻辑

1.2.1.6 检测费用控制

检测费用控制分为订单计算、付款支付、完工结算等业务，其业务逻辑如图 1-18 所示。

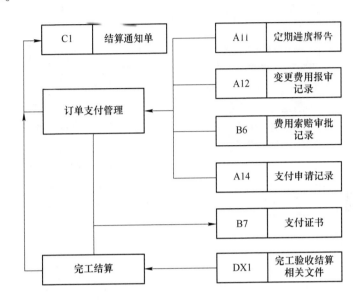

图 1-18 工程造价控制业务逻辑

1.2.1.7 合同其他事项

检测合同其他事项管理的业务包括项目变更管理、检测暂停及复工管理、检测延期管理、费用索赔管理、合同争议调解、违约处理等，其总体业务逻辑如图 1-19 所示。

1.2.1.8 检测档案管理

检测档案管理包括检测分期报告、检测工作总结、检测资料归档、检测工作考核等业务，如图 1-20 所示。

1.2.2 系统功能设计

系统功能设计在前述业务逻辑的基础上进行抽象，另外，因为需要考虑辅助功能对系统运行的支持作用，也需要综合考虑。系统总体功能如图 1-21 所示。

在此，增加产品管理、咨询管理、查询统计、数据管理、系统管理等项目，对系统总体功能进行补充和完善。另外为了以后系统设计标记需要，后台功能项目分别以一位大写英文字母作为其代号，并按此方法进行扩展，其对照表列于表 1-1 中，供参考。

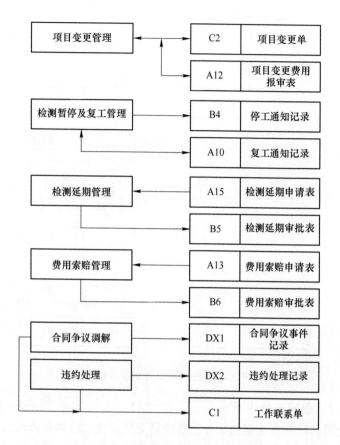

图 1-19　合同其他事项业务逻辑

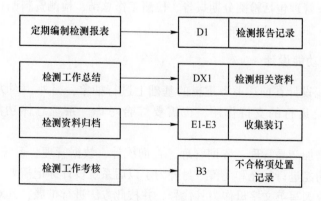

图 1-20　监理档案管理业务逻辑

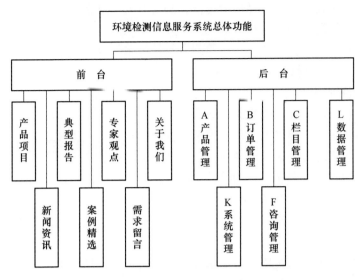

图 1-21 建设工程监理信息系统总体功能

表 1-1 功能字母对照表

字母	功能	字母	功能	字母	功能
A	产品管理	B	订单管理	C	栏目管理
L	数据管理	F	咨询管理	K	系统管理
前台	产品项目		新闻资讯		典型报告
	案例精选		需求留言		关于我们

1.2.2.1 产品项目管理（A）

产品项目管理主要完成检测产品信息建档、增加、删除、定价调整、产品宣传图片等任务，并设置系统专职岗位，进行操作管理。

增加新产品：通过提供产品编号、产品名称等部分信息，增加新工程。

产品信息编辑：补充完善工程信息内容。

产品定价调整：记录产品价格变动过程。

产品宣传图片：完成产品宣传图片的增删工作。

根据管理需要，确保工作流程记录完整性，产品记录删除功能为有限使用。

其他功能还有产品项目类别管理、客户评价管理、产品信息查询统计功能。

1.2.2.2 客户订单管理（B）

客户订单管理完成对客户订单的日常管理，其主要功能包括订单信息编辑、订单状态管理、选择检测单位、订单支付管理、检测报告管理等。

订单信息编辑：根据客户要求，检查客户订单，修改或补充相关信息。

订单状态管理：设定订单状态，对状态作出所需要的调整。

选择检测单位：自动选择检测单位，必要时人工进行调整。

订单支付管理：检查订单的支记录，并根据实际情况发出相应通知。

检测报告管理：提供所有有关检测资料的记录管理。

1.2.2.3 前台栏目管理（C）

前台栏目管理功能包括网站栏目管理、栏目信息管理、栏目反馈管理等功能，前台各栏目内容在此进行编辑修改。

网站栏目管理：提供前台信息展示所需要的栏目信息管理。

栏目信息管理：提供前台各栏目信息内容的维护。

栏目反馈管理：对各栏目的反馈信息记录管理。

1.2.2.4 系统管理（K）

系统管理功能包括系统用户管理、系统角色管理、系统功能管理、角色功能管理、重置用户密码、访问记录管理等内容。

系统用户管理：系统用户包括所有参与的人员，包括员工、客户等，完成其增删改查等管理功能，包括头像图片管理、各路积分管理等。

系统角色管理：完成系统角色的增删改查等操作功能。

系统功能管理：管理系统功能，提供操作导航。

角色功能管理：管理角色的功能，提供操作的分类实现。

重置用户密码：对用户的密码重新设置。

访问记录管理：管理用户操作记录。

1.2.2.5 检测单位管理（L）

检测单位管理功能主要完成和检测单位有关的信息管理任务，包括检测单位管理、单位类型管理、单位状态管理、重置单位密码等。

检测单位管理：管理平台注册的项目检测单位的信息。

单位类型管理：管理检测单位类型信息。

单位状态管理：管理检测单位状态信息。

重置单位密码：重新设置检测单位登录密码。

1.2.2.6 系统其他功能（F）

其他功能主要有活动项目管理、活动参与管理、宣传视频管理、用户地址管理、客户需求与回复等。

活动项目管理：记录各种环境检测有关的信息资料，并对数据统计。

用户参与活动：记录客户参加活动的信息资料。

视频类别管理：管理所有的宣传视频，包括分类、增加、删除、上传等管理活动。

用户地址管理：增加、删除、修改客户地址信息资料。

活动现场签到：活动现场管理。

客户需求管理：对客户的需求进行查问、汇总、记录、修改、回复等管理活动。

1.2.3 平台门户栏目说明

平台门户栏目由项目产品、新闻资讯、典型报告、案例精选、专家观点、需求留言、关于我们组成，实现产品展示、用户订购、信息发布等功能。另外提供客户登录、检测单位登录以及与客户、检测单位相关的信息管理功能。

1.2.3.1 项目产品栏目

项目产品栏目的功能包括产品信息展示、用户查问、产品订购、客户地址修改等功能，其组成结构如图 1-22 所示。

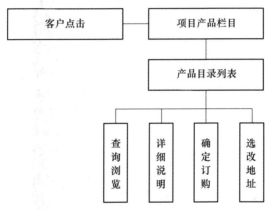

图 1-22 产品项目栏目组成结构

1.2.3.2 客户登录与信息管理

从检测业务和平台设计思想出发，客户是系统运行的基础。客户前台工作主要有登录、注册。登录后可完成信息修改、订单修改、费用支付、修改密码等操作，其功能组成结构如图 1-23 所示。

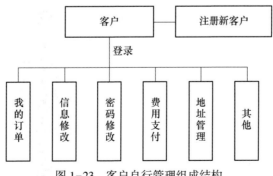

图 1-23 客户自行管理组成结构

有关检测单位前台自行管理功能运行体系与此类似。

1.2.3.3　客户需求栏目

客户需求栏目完成客户需求信息资料的收集，主要由客户自行完成，同时可以建议反馈信息，其组织机构如图 1-24 所示。

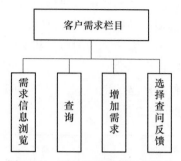

图 1-24　项目监理机构组织结构

其他如新闻资讯、典型案例等栏目运行体系与此类似。关于我们栏目的内容主要是向客户展示有关平台服务项目、理念等说明性信息。

1.2.4　系统设计思想

环境检测业务是一个复杂的系统工程，其特点是动态性强、数据量大、交叉回合多、涉及范围广、要求处理速度快。环境检测信息服务系统建设必须充分考虑业务特点和数据处理要求，从信息处理的关键处入手，系统化、科学化、全面化设计和开发。

（1）以"检测产品"为中心，建立新型业务系统。环境检测信息服务是一个复杂的网络工程，根据业务流程和数据处理流程不难发现，"检测产品"是整体业务体系和业务管理的"中心"对象，以"检测产品"为中心，建立业务处理功能，是环境检测信息服务系统建设的基础，同时，从数据处理组织和管理方面，是数据库建设的出发点，如图 1-12 所示。

（2）功能合理分解，减少个体工作量。环境检测业务涉及产业政策、国家动态、客户动态、检测单位等方面的沟通与协作，同时参与的各方人员动态管理要求强，检测地点分布流动性强，业务处理分散且及时性要求较高。因此，系统功能设计时，需要相应单位和人员完成的业务，在系统中也需要分别完成，并用相应的安全逻辑进行合理控制，例如，有关检测活动所需要的各种报审材料，尽量由相应工作人员通过系统提供的接口完成。

（3）业务功能以"用户"为实体，权限以"角色"为实体。"用户"是功能实现的主体，现实中"用户"的职责通过"角色"具体体现。"用户"包括单位内和单位外所有使用系统的人员；"角色"相当于现实中的职责，不同的角色具有相应的职责，即权限；系统中每一个用户必须对应一个角色，以体现相应的职责，也就是相应的功能。

（4）科学化，规范化，系统化，全面化。科学化要求系统符合信息化技术的要求，符合信息处理的方法和技术能力，特别是业务管理、业务重组符合现有业务的要求；规范化要求系统处理方法、过程、结果等符合相应的政策法规和管理规范；系统化要求系统结构合理、功能明确、功能相关；全面化要求系统处理覆盖监理业务的各方面。

1.2.5 系统设计要求

系统设计的指导思想是利用先进的信息技术（计算机数据处理技术、网络数据传输技术、数据库技术、传感技术），根据环境检测质量管理系统的发展现状，结合具体的检测业务管理体系，建立环境检测信息服务系统，以此为起点，建设环境检测业务管理信息化、高效化，并向智能化和智慧化方向发展。系统设计的具体设计要求如下：

（1）建设目标明确。系统建设的目标是：利用信息技术建立符合环境检测业务信息服务管理要求并高效的检测信息服务系统，以实现环境检测业务管理的网络化和规范化。

根据环境检测相关政策法规和规程要求，基于环境检测信息服务业务基础，以项目管理理论与方法为指导，建设环境检测信息服务系统，将客户需求和检测单位的有关信息集合于一体，并利用网络技术，实现异地管理，提高环境检测质量监理效率，提供一个第三方信息服务平台，为客户和检测单位等相关部门提供方便、准确的信息，从而实现环境检测每个阶段的质量控制高效、合理、规范。

（2）系统设计的原则。通常信息系统在设计上应满足以下几个方面的要求：

1）实用性。系统的开发必须采用成熟的技术，认真细致地做好功能和数据的分析，并充分利用现代信息技术，合理地融合于业务逻辑，力求向用户提供符合管理规则要求和现行管理方法要求的功能完整的信息处理系统。

2）开放性。系统要实现网络互联、资源共享、多用户访问和二次开发。

3）先进性。运用成熟并且先进的技术、编程语言、开发工具、设计思想。

4）安全性。由于施工项目的规模大，导致施工单位的申报程序繁琐和监理单位对工程质量监理的项目多。因此，要求数据传输的可靠性和保密性。

5）可扩展性。目前，我国施工质量管理不断规范化、智能化，利用计算机进行的管理业务将不断扩大，因此，系统必须具备充分的扩展能力。

6）完整性。实现优化的网络设计，安全可靠的数据管理，高效的信息管理，友好的用户界面。

（3）系统运行模式。企业信息系统的运行模式可以是 C/S、B/S 或二者的混合结构。

C/S,即客户/服务器结构模式是一种两层结构的系统,第一层是在客户机系统上结合了表示与业务逻辑,第二层是通过网络结合了数据库服务器,适合局域网络环境应用。

B/S,即浏览器/服务器结构模式,客户通过浏览器向 WEB 服务器发出请求,WEB 服务器向数据库服务器发出数据需求,WEB 服务器将结果回返浏览器,是三层结构,适合于远程业务信息的实现,是系统建设的首先结构模式。

(4)开发工具和运行环境。系统建设开发工具选用 Microsoft Visual Studio 2017,简称为"VS2017";数据库管理系统选用 Microsoft SQL Server 2014;辅助技术还有 HTML5、CSS3、MVC、EF 等;WEB 服务系统选用 Microsoft Internet Informaton Service – IIS 和自托管 Web 服务器(Kestrel),技术支持架构选用 ASP. NET Core 1.0 或更高。

1.3 管理对象分析

信息系统建设的核心是业务对象及其关系的分析与抽象,业务对象信息系统的处理对象,是建设信息系统数据库和信息系统智能化的基础。通过对环境检测信息服务业务过程研究分析,从中抽取检测信息服务业务所涉及的对象及其关系,建立环境检测信息服务系统的"数据模型",是环境检测信息服务系统建设开发的前提。本节内容以"检测产品"对象为中心,研究环境检测信息服务系统所涉及和需要管理的对象、关系及性质。

1.3.1 检测产品对象及属性

"检测产品"是系统的核心管理对象。检测产品是根据市场需求、政策要求和客户反馈综合分析设计,形成固定的可操作实现的检测项目,客户选择项目,也就是检测产品,形成订单,根据订单为客户提供检测服务。根据特殊需求或要求的需要,随时设计新的检测产品项目,并适当兼顾检测业务有关统计分析工作的需要,从内容全面、结构合理为出发点,"检测产品"对象属性分为基本属性、业务属性和附加属性。

(1)基本属性。基本属性是产品项目自身固有的属性,包括产品名称、检测内容、服务方式、适用对象、发布日期、备注说明。

(2)附加属性。特别附加属性为产品编号,为检索、查询、存储等操作设置的附加属性,也是未来信息系统中产品的唯一识别属性,要求以年号和顺序号相结合的方法设值。

(3)业务属性。业务属性主要指产品进行时所需要的属性,包括原始单价、计量单位、折扣率等，另外还有产品类别、负责人、相关评价、图片文件名称等引导性属性。

（4）引导属性产品类别。产品类别反映产品检测内容的状态领域，例如，有关居住环境检测、民用建筑工程检测、交通工具环保检测告示，其属性有类别编号、类别名称、相关说明等，其他引导属性的相关详细内容在以后说明。

1.3.2 检测订单对象

检测业务是以客户订单为依据进行的，客户订单是系统管理的基础对象。根据检测业务，订单对象应有的属性包括基本属性、附加属性和业务属性。

（1）基本属性。订单基本属性主要有订单日期、计量单位、单价、订购数量、折扣率、折后单价、金额（及时计算）、支付日期、测试日期、完成日期、结论及说明，其中计量单位、单价、折扣率属性来源于产品对象（复用），测试日期、完成日期是订单执行的开始日期和检测完成的结束日期。

（2）附加属性。订单编号是关键的附加属性，由系统在客户确认订购后自动生成，唯一标识订单的其他属性，为其他对象提供访问的确定性，其生成算法是时间序列法。

（3）业务属性。业务属性主要由关联属性组成，包括订单状态编号、检测单位编号、产品项目编号、所属客户标识号、检测地址等，其关联的对象涉及系统用户、检测单位、产品项目、用户地址、检测报告等。

产品订单作为一个管理对象，通过订购、检测等管理活动，为环境检测信息服务平台的业务建立了统一架构，以此确立系统建设开发的总体思路和模式。

1.3.3 相关服务对象

相关服务对象主要指人员（客户和工作人员）、角色（权限或级别）、系统功能等对象。

（1）人员。包括工作人员、客户等都视作系统用户统一管理，其身份通过"系统角色"进行区分。为了方便说明，统一称为"系统用户"对象，方便进行统一化管理。系统用户对象属性定义如下：

1）基本属性。用户标识、职员姓名、性别、出生日期、证件号码（身份证号）、职务、职称、专业、通信地址、家庭住址、邮政编码等。

2）工作属性。职责（角色）、工作单位、联系电话、邮件地址等。

3）用户属性。登录次数、用户密码、QQ号码、微信号码、用户照片、照片类型等。

（2）系统角色。角色是系统记录用户职责或权限的对象，通过角色，每个系统用户具备相应的职责或权限，进行不同的操作和信息获取范围。其属性有角色编号、角色名称、备注说明等。

（3）系统功能。系统功能对象反映信息系统可能具备的能力，每种能力通过特定的功能加以表现，并以可操作的方式提供给系统用户使用。系统功能对象根据信息系统开发所使用工具或架构或有不同属性组合。本系统定义的属性有功能编号、功能名称（显示名称）、备注说明、方法名称、控制器名称、区域名称、方法参数值等。

（4）角色功能。从实体管理的角度出发，系统角色对象和系统功能对象存在关联关系，即角色的职责是通过相应的功能体现；反过来，系统功能通过系统角色加以实现。一个角色实例可以具备多个系统功能实例；一个功能实例可以被多个角色实例拥有，因而两者是多对多关系。二者之间的关系——角色功能可以将此转化为一对多或多对一关系。角色功能关系属性定义有角色编号、功能编号、记录标识号等。

1.3.4　辅助数据对象

辅助数据对象也是系统服务对象，主要任务是反映和记录系统中所使用的基础数据和常用不变的数据，根据实际需要可以增加必要的数据对象，这里列出几个常用的辅助数据对象。

（1）设施设备。设备对象是指和监理业务相关可用的设施设备实体，其属性定义有设备编号、设备名称、功能说明、规格型号、库存数量、购置日期、设备单价、计量单位、备注说明等。

（2）检测单位。往来单位对象是指和检测业务相关的实体，其属性定义有单位编号、单位名称、单位地址、单位类型、联系人员、负责人、联系电话、备注说明等。

（3）其他对象。其他对象主要有新闻资讯、专家观点、用户需求、宣传视频等，其具体属性详见以下章节。

本章小结

本章内容从检测业务分析入手，分析了检测业务及其业务流程逻辑以及系统管理可能涉及的对象模型，提出了系统建设具体内容和要求。

2 建立环境检测信息服务系统项目

Visual Studio 是目前最流行的基于 Windows 平台的应用程序集成开发工具。其最新版本为 Visual Studio 2017。环境检测信息服务系统是使用 Visual Studio 工具建设开发而成的基于 ASP. NET CORE 运行架构的 WEB 项目。本章内容如下：

2.1　Visual Studio 2017 简要概述

Visual Studio 2017（以下简称 VS2017）近期正式推出的新版本，是迄今为止最具生产力的 Web IDE 工具。其内建工具整合了 . NET Core、Azure 应用程序、微服务（Microservices）、Docker 容器等所有内容。

2.1.1　主要新功能

其主要新功能表现在以下几个方面：

（1）支持 Windows 10 App 开发。Visual Studio 2017 提供的工具非常适合利用下一代 Windows 平台（Windows 10）生成新式应用程序，同时在所有 Microsoft 平台上支持设备和服务。支持在 Windows 10 中开发 Windows 应用商店应用程序，具体表现在：对工具、控件和模板进行了许多更新，对于 XAML 应用程序支持新近提出的编码 UI 测试，用于 XAML 和 HTML 应用程序的 UI 响应能力分析器和能耗探查器，增强了用于 HTML 应用程序的内存探查工具以及改进了与 Windows 应用商店的集成。

（2）敏捷项目管理（agile project management）。提供敏捷项目组合管理，提高团队协作，从 TFS2012 已经引入了敏捷项目管理功能，在 TFS2017 中该功能将得到进一步改进与完善（比如 backlog 与 sprint）。TFS 将更擅长处理流程分解，为不同层级的人员提供不同粒度的视图 backlog，同时支持多个 Scrum 团队分开管理各自的 backlog，最后汇总到更高级的 backlog。这意味着 TFS 将更重视企业敏捷，相信在新版本中还将提供更完善的敏捷支持。

在得到有效应用的情况下，ALM 实践方法可以消除团队之间的壁垒，使企业能够克服挑战，更快速地提供高质量的软件。采用 ALM 的公司还可以减少浪费、缩短周期时间和提高业务灵活性，从而受益。

（3）版本控制。在近几个版本中 VS 一直在改进自身的版本控制功能，包括 Team Explorer 新增的 Connect 功能，可以帮助使用者同时关注多个团队项目。新的 Team Explorer 主页也更简洁、明确，在各任务间切换变得更加方便。同时，由于众多用户反馈，VS2017 中将恢复更改挂起（Pending Changes）功能。如果对 VS、TFS 有什么建议或者意见，也可以考虑向 VS 开发团队反馈。

（4）轻量代码注释（lightweight code commenting）。与 VVS 高级版中的代码审查功能类似，可以通过网络进行简单的注释。

（5）编程过程。新增代码信息指示。在编程过程中，VS2017 增强了提示功能，能在编码的同时帮助监察错误，并通过多种指示器进行提示。此外，VS2017 中还增加了内存诊断功能，对潜在的内存泄露问题进行提示。

（6）测试方面。在 VS/TFS2012 中测试功能已经有不少改进，VS/TFS2017 更进一步完善了该功能，比如 VS2017 中引入的基于 Web 的测试环境得到了改进。

VS2017 中还新增了测试用例管理功能，能够在不开启专业测试客户端的情况下对测试计划进行全面管理，包括通过网络创建或修改测试计划、套件以及共享步骤。自 2005 版以来，VS 已经拥有了负载测试功能，VS2017 中的云负载测试大大简化了负载测试的流程。

（7）发布管理。近些年，产品的发布流程明显更加敏捷，因此很多开发者需要更快、更可靠并且可重复的自动部署功能。在刚刚结束的 TechEd 大会上，微软宣布与 InCycle Software Inc 达成协议，将会收购后者旗下的发布管理工具 In-Release。因此，InRelease 将会成为 TFS 原生发布解决方案。

（8）团队协作。顾名思义，TFS 的核心要务之一就是改进软件开发团队内部的协作，TFS2017 中将新增 "Team Rooms" 来进一步加强该特性，登记、构建、代码审查等一切操作都将会被记录下来，支持代码评论功能。

（9）整合微软 System Center IT 管理平台。除此之外，VS2017 还有团队工作室、身份识别、.NET 内存转储分析仪、Git 支持等特性，可以看出这次将团队合作作为了一个重要的部分，结合 Windows Azure 云平台进行同步协作。

通过 VS2017 打造应用程序和服务，并将之部署到 Azure 的过程，现已变得前所未有的容易。借助升级后的高级调试和性能分析工具，VS2017 with Xamarin 能够使用户更快地为 Android、iOS 和 Windows 创建移动应用。

微软还在官网上强调了 VS2017 的其他主要方面的改进，声称可以为任意开发、任意 App、任意平台提供"无与伦比的生产力"，例如：快速构建更智能的应用；更快地查找和修复 bug；云集成；更有效的协作；交付更高品质的移动应用程序；提升你的语言水平；打造你理想中的集成开发环境；优化性能；更快的软件交付；保持领先等。

2.1.2 VS2017 开发环境

VS2017 开发环境是一个集成的 IDE 环境，与传统 IDE 操作功能相比，其最大的特色是集成了 NuGet 和 Bower 程序包管理器，开发者在统一的 IDE 平台中即可完成第三方扩展工具的查询、增加、扩展等管理。VS2017 开发环境如图 2-1 所示。

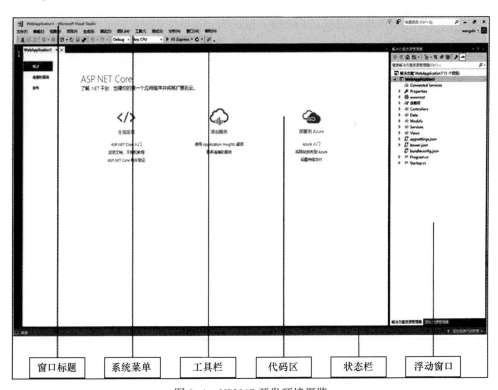

| 窗口标题 | 系统菜单 | 工具栏 | 代码区 | 状态栏 | 浮动窗口 |

图 2-1　VS2017 开发环境概览

下面对常用功能区加以说明。

（1）系统菜单。系统菜单是传统的下拉式方式，由文件、编辑、视图、项目、生成、调试、团队、工具、测试、分析、窗口和帮助 12 个主项目组成。

新建（F）：建立新的工程项目，根据向导，项目类别可选择现有安装模板或从网络下载模板两种方式；既可以是 WEB 项目，也可以是 WINDOWS、移动等项目。

打开（O）：打开已有项目进行设计与开发，也可以从"最近使用的项目和解决方案"功能项中选择最近常用项目（默认列出最近常用的四个）。

编辑（E）：常用的文本编辑操作。

视图：包括解决方案资源管理器、服务器资源管理器等各种悬浮窗口的显示和隐藏。

项目：常用子功能是项目属性，打开当前项目有关的属性和参数定义窗口，例如调试用 IIS 服务器的参数定义、项目版本参数定义、项目资源目录定义等。

生成：常用子功能是解决方案或项目的生成、清理、发布功能，生成是运行前的"编译"，具有新修改或新增加内容的及时更正作用；清理是对现有信息提示和运行状态恢复。发布是本地项目内容发送至远程服务器并更新，可整体或单项选择发布。

调试：启动调试和停止调试，项目运行过程中的意外故障，可通过"停止调试"功能终止，返回设计编辑状态。

工具：常用的是 NUGET 程序包管理器，可以更新系统组件和第三方控件；还有选项，打开系统有关的环境参数定义窗口。

其他菜单项目及功能请读者参考有关资料。

（2）工具栏。工具栏上的项目是菜单栏中部分功能项目的快捷方式，数量少于菜单栏，可以通过自定义方式增加所需的快捷功能项目。工具栏的内容会根据当前所编辑的项目内容而变化，常用的是新建、打开、剪切、复制、粘贴、调试、存储、撤销等功能操作。

（3）解决方案资源管理器。解决方案资源管理器窗口位于界面的右边。以目录树的方式显示当前解决方案所包含的项目目录内容，是整个项目内容集中显示、选择区，其形式如图 2-2 所示。

2.1.3　新建项目

VS2017 通过模板建立新项目时，首先分为最近、已安装和联机三种获取方式；根据语言不同，分为 Visual C#、Visual Basic、Visual F#、Javascript 项目等；在此基础上，再选择 Web 项目或 Windows 项目。现以"已安装—Visual C#—Web"项目为例，说明 VS2017 新建项目的方法和过程。

2.1.3.1　新建—项目

文件菜单选择"新建—项目"，打开新建项目对话框，如图 2-3 所示。

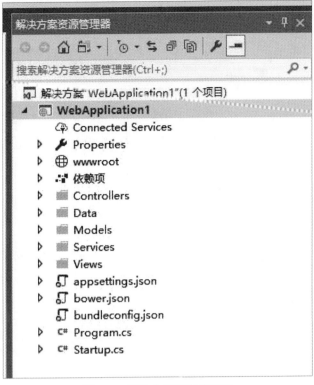

图 2-2　解决方案资源管理器

选择"Visual C#/Web"项目，在中间部分会显示此项目下所有的项目模板列表，选择"ASP. NET Core Web 应用程序"选项。其他设置参数说明如下：

（1）. NET 框架选择。打开下拉列表框（中间上部左），选择". NET Framework 4. 6. 1"或其他选项。

（2）项目名称。新建项目的名称，以英文单词或汉语拼音或任意字母组合，不用汉字。

（3）位置。项目存储的本地目录位置，一般情况下，默认位置为"/项目名称/项目名称/…"。

（4）解决方案。新建解决方案，默认名称是项目名称；可另外命名，也可以选择已经存在的解决方案，也就是说，一个解决方案中可以由多个项目组成，解决方案是项目的容器。

2.1.3.2　项目类型选择

以上参数定义完成后，点击"确定"，打开"新建 ASP. NET Core Web 项目"对话框，如图 2-4 所示。

在左上框中选中"Web 应用程序（模型视图控制器）""更改身份验证"选

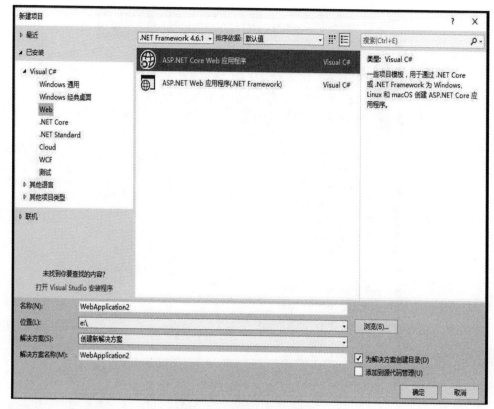

图 2-3　新建项目对话框

择"个人用户账号"，其他项目使用默认选项。再次"确定"，开始生成新项目。新建成的项目内容目录如图 2-2 所示。

2.1.3.3　项目内容目录说明

生成的项目架构是基于 MVC 框架结构组成，首先能看到以下三个目录：

（1）Controllers。存放以".cs"为扩展名的控制器（Controller）类文件，例如 HomeController.cs。

（2）Models。存放以".cs"为扩展名的数据模型（Model）类文件，例如 AccountViewModels.cs。

（3）Views。以控制器名称为目录名，存放相应控制器中对应方法的视图（View）文件，视图文件的扩展名为 cshtml（Razor 语法为引擎的 HTML 文件）；例如 Home/Index.cshtml。

其他常用目录有：

（1）wwwroot。存放项目使用的静态资源，例如 js 文件、图片文件、CSS 文件等。

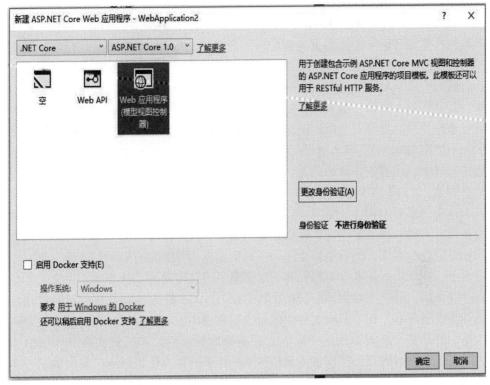

图 2-4　新建 ASP. NET Core Web 项目对话框

（2）依赖项。系统资源库，包括第三方资源和标准系统资源，从 NuGet 上下载的资源存储在此，系统 SDK 也在此存储。

（3）Data。Web 项目迁移工具。

（4）Services。存放项目中使用的 Services 接口定义文件。

（5）Properties。存放项目属性和设置的有关参数定义，例如 Resources、Settings。

其他目录可根据需要自行增加。

2.1.4　NuGet 程序包管理器

NuGet 程序包是一个开放的开源实用程序库，集成了成千上万的来自第三方程序员所开发的工具实用程序，并通过 Web 方式无偿提供给世界各地的程序员共享使用，内容相当丰富。程序员共享和重用库代码是一个很大的挑战，当开发人员开始新项目时，将面对一张空白的画布，如何去发现这些有用的库，如何将库集成到当前项目中并管理库的依赖项和更新呢？这就需要 NuGet 程序包管理器。

2.1.4.1　NuGet

NuGet 是一种 Visual Studio 扩展管理工具，它能够简化在 Visual Studio 项目中添加、更新和删除库（部署为程序包）的操作。NuGet 程序包是打包成一个文件的文件集，扩展名是 .nupkg，NuGet 是产品轻松创建和发布程序包的实用工具。例如，ELMAH（Error Logging Modules and Handlers）就是一个非常有用的库，是由开发人员自己编写的。ELMAH 能够在出现异常时记录 Web 应用程序中所有未经处理的异常以及所有请求信息，例如标头、服务器变量等。如果需要在项目中使用 ELMAH，那么就可以利用 NuGet 程序包管理器实现查询、安装，然后在项目中引用并使用其中的方法。

例如，当项目里要引用第三方的库时，比如 JQuery、Newtonsoft. Json、log4net 等，需要从网上下载这些库，然后依次拷贝到各个项目中，当有的类库有更新时，不得不再重复一遍，这是很繁琐的事，这时就可以考虑使用 NuGet 来管理和更新这些类库，而且更新类库时会自动添加类库的相关引用，方便至极。当然网上一些常用的类库，更新频率不是很高，而且即便出了新版本，也没必要总是保持最新，故这点对我们的帮助比较有限。NuGet 最大的好处在于可以搭建自己的类库服务器，在一些较大些的公司里面有很多的项目，然后其中有一些是整个组，甚至整个公司通用的类库，当这些类库更新后，需要依次拷贝到项目中去，甚至于有时候自己都搞也不清楚各个项目里的版本是否一致，有时偶尔一两个项目忘了复制更新出现莫名其妙的错误，这令程序员难以处理。

2.1.4.2　NuGet 程序包管理器

点击"Tools"（工具）｜"Extension Manager"（扩展和更新）菜单选项，打开 Visual Studio Extension Manager，单击"Online Gallery"（联机库）选项卡查看可用的 Visual Studio 扩展名，如图 2-5 所示。还可以使用右上角的搜索输入框输入关键字搜索找到它，单击"Download"（下载）按钮，即可安装 NuGet（如果已经安装，则显示对勾）。

如果您已经安装了 ASP. NET Core MVC，在项目建立后，NuGet 程序包管理器会自动安装到项目中去。

2.1.4.3　安装程序包

这是程序员利用 NuGet 程序包管理器最常用的操作，可以用两种方式安装所需要的程序包（第三方工具）：向导和控制台，NuGet 同样内置基于 Windows PowerShell 的控制台，控制台面向高级用户。

启动 NuGet，选中解决方案资源管理器所显示的项目中的"引用"节点（或解决方案下的项目节点），然后单击右键，在菜单中选择"管理 NuGet 程序包"（Manage NuGet Packages）选项，启动"管理 NuGet 程序包"（Manage NuGet Packages）对话框，如图 2-6 所示。

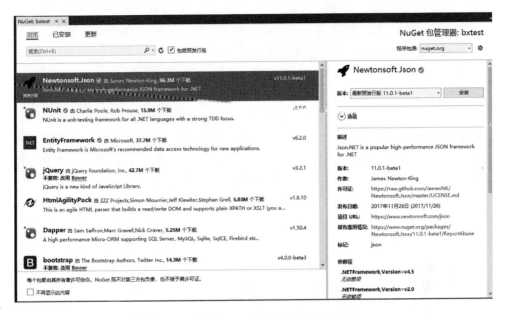

图 2-5　安装 NuGet 程序包管理器对话框

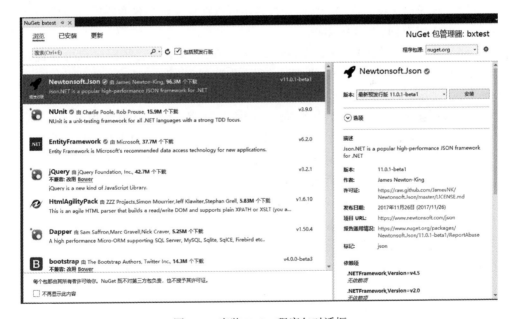

图 2-6　安装 NuGet 程序包对话框

　　左边是"已安装""联机""更新"选择，中间是对应的程序包列表，右边是对应程序包的说明。对于选中的程序包，可有三种操作，即"安装""卸载""更新"。找到程序包后，"安装""更新"完成该程序包的下载、安装到项目引用中，包括其依赖项，并将任何必要更改应用到程序包指定的项目中；"卸载"完成选中的程序包从当前项目的引用中删除，包括其依赖项的程序包。

NuGet 安装程序包的具体步骤如下：

（1）下载程序包文件及其所有依赖项。有些程序包要求接受许可，并提示用户接受程序包的许可条款。大多数程序包支持隐式接受许可，并不发出提示。如果解决方案或本地计算机缓存中已经存在该程序包，NuGet 将跳过下载程序包的步骤。

（2）提取程序包的内容。NuGet 将内容提取到程序包文件夹中（在必要时创建文件夹）。程序包文件夹在您的解决方案（.sln）文件的并列位置。如果解决方案的多个项目中安装了同一个程序包，则仅提取该程序包一次并由各项目共享。

（3）引用程序包中的程序集。依照惯例，NuGet 更新项目以引用程序包 lib 文件夹中的一个或多个特定程序集。例如，将程序包安装到面向 Microsoft. NET Framework 5 的项目时，NuGet 将添加对 lib/net5 文件夹中的程序集的引用。

（4）将内容复制到项目中。依照惯例，NuGet 将程序包的内容文件夹的内容复制到项目中。这对包含 JavaScript 文件或图像的程序包十分有用。

（5）应用程序包转换。如果任何程序包包含转换文件，例如用于配置的 App. config. transform 或 Web. config. transform，则 NuGet 将在复制内容之前应用这些转换。有些程序包所含的源代码经过转换可以在源文件中包含当前项目的命名空间。NuGet 同样转换这些文件。

（6）运行程序包中关联的 Windows PowerShell 脚本。有些程序包可能包含 Windows PowerShell 脚本，这些脚本使用设计时环境（DTE）自动化 Visual Studio，从而处理与 NuGet 无关的任务。

当 NuGet 执行所有这些步骤后，库将准备就绪。很多程序包使用 WebActivator 程序包自行激活，从而最小化安装后所需的任何配置。

程序包不需要时，可以卸载，使项目回到安装程序包之前的状态。

2.1.4.4　面向高级用户的 NuGet

程序员可以使用命令行 shell 命令完成同样的任务，控制台窗口（程序包管理器控制台）以及一组 Windows PowerShell 命令与 NuGet 进行交互。

启动程序包管理器控制台："工具"（Tools）|"NuGet 程序包管理器"（Library Package Manager）|"程序包管理器控制台"（Package Manager Console）菜单选项，如图 2-7 所示。

控制台使用命令：

（1）列出程序包（Get-Package），并通过指定 ListAvailable 标记和 Filter 标记联机搜索程序包。下列命令行搜索所有包含"MVC"的程序包：Get-Package-ListAvailable-Filter Mvc。

（2）安装程序包（Install-Package），例如，将 ELMAH 安装到当前项目：In-

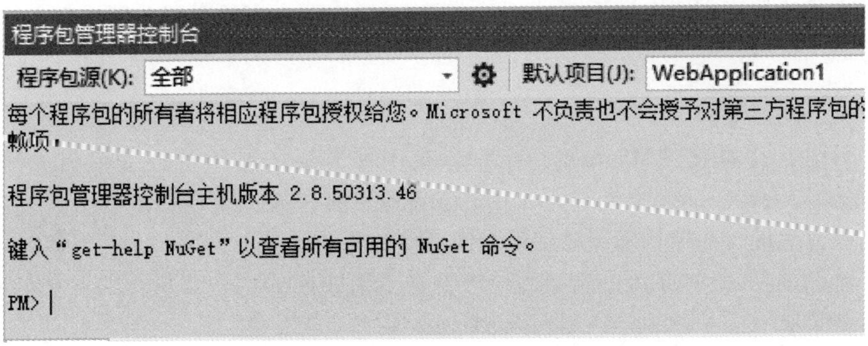

图 2-7 NuGet 程序包安装控制台

stall-Package Elmah。

（3）更新程序包（Update-Package），程序包管理器控制台还包含一个命令，与对话框相比，它提供更多的更新控制。例如，无需参数即可调用此命令以更新解决方案的每个项目中的各程序包：Update-Package。

此命令尝试将每个程序包都更新到最新版本。因此，如果您有 1.0 版本的程序包，而 1.1 和 2.0 版本在该程序包源中可用，则该命令将此程序包更新至最新的 2.0 版本。

有关 NuGet 程序包管理器的更多功能请参考有关手册。

2.1.5 引用目录内容

WEB MVC 项目建立后，项目中自动生成一个名为"依赖项"的目录，包括"NuGet""SDK""分析器"3 个子目录，其中存放的是项目设计和运行时所必需的资源扩展库，如图 2-8 所示。

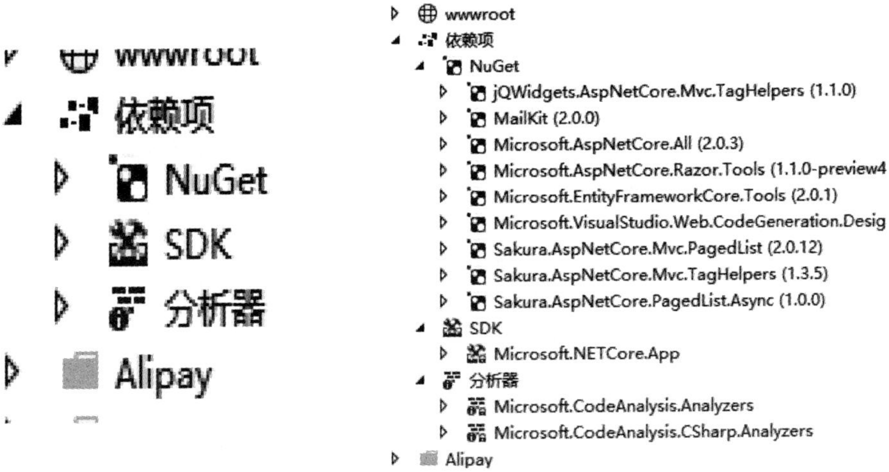

图 2-8 依赖项目录内容

这些动态程序库在所需要的项目中通过 using 命令直接引用，例如命令：

```
using Microsoft. AspNetCore. Mvc；
```

引用了资源库 "Microsoft. AspNetCore. Mvc" 命名空间及其子项目。其中，Microsoft. AspNetCore. All 包含了常用的资源库，在开发高度阶段减少了开发者查找下载劳动量，在项目发布时，没有使用到的资源库是不会发布到目标目录中去的，这也是 VS2017 系统的新特性。查看某个引用库的内容及包含的方法可以使用右键菜单。

2.2　建立环境检测信息服务系统项目

环境检测信息服务系统项目名称定义为 "bxtest"，项目存放于 E：\ （E 盘根目录）。项目设计开发完成后的内容目录如图 2-9 所示。

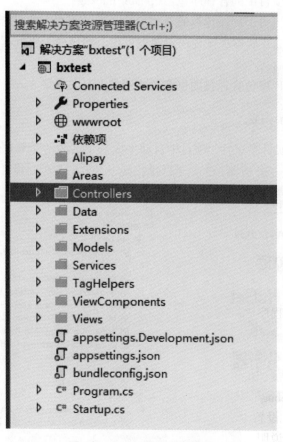

图 2-9　bxtest 项目内容目录

各目录内容及作用下面分别说明。

2.2.1 项目属性（Properties）

项目属性参数定义分为"应用程序""生成""生成事件""打包""调试""签名""TypeScript""资源"8个类别。

（1）应用程序。应用程序类别包含有关项目的常规参数设置，例如程序集名称、命名空间、目标框架、应用程序显示图标等，如图2-10所示。

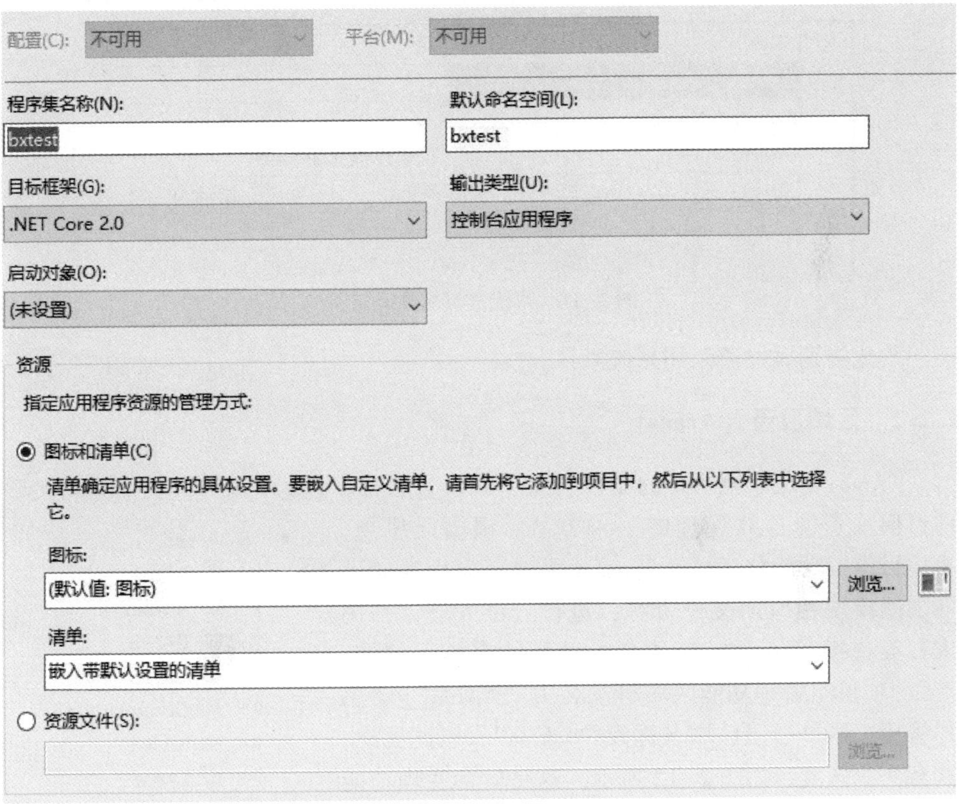

图2-10 项目属性—应用程序设置

其中，应用程序集名称、默认全名空间名称使用项目名称，即"bxtest"；目标架构设置为".NETCore 2.0"。

（2）生成。生成是项目编译成目标运行代码后的运行平台参数，一般情况下采用系统默认值，例如配置=活动（Debug）、平台=活动（Any CPU）、输出路径=\bin\Debug\netcoreapp2.0\等。

（3）打包。设置项目版本等相关信息，例如包ID、包版本、作者、公司、产品名称、发行说明、版本号等。

（4）资源（Resources）。系统资源（Resources）内容的定义如图 2-11 所示，并根据需要增加必要的项目。视图中系统资源项目内容的访问通过以下命令实现：

@ bxtest. Properties. Resources. CompanyName

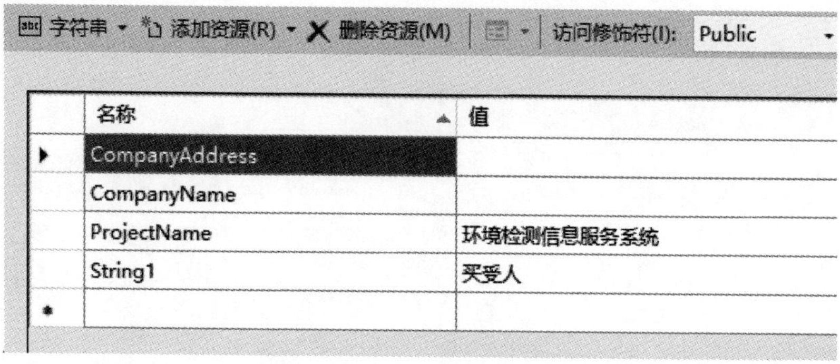

图 2-11　系统资源属性及定义

其他类别属性值采用系统默认。

2.2.2　区域目录（Areas）

"Areas"是系统约定的命名空间（目录）名称，意为"区域"，是分隔大型项目模块资源存放管理的一种方法。根据此思想，本项目根据功能分为若干 Area（区域）分别存储不同功能模块相应的文件资源，进行分类管理，并用大写英文字母依次标识各个子区域的名称，例如，"工程项目"管理功能区域目录名为"AArea"，"用户管理"功能目录区域名称为"KArea"，以此类推，共有 7 个区域，如图 2-12 所示。这是后台管理功能模块资源文件存储区域。

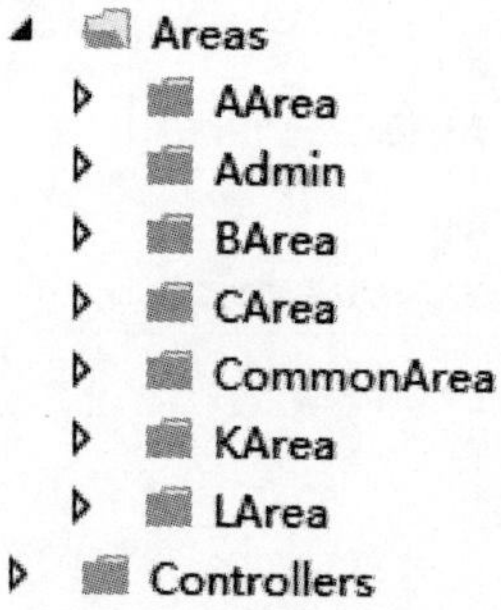

图 2-12　Areas 目录内容

2.2.2.1　区域目录与系统功能

区域目录的划分是以功能类别为基础，其作用是存放相应功能所需要的控制器文件和视图文件。表 2-1 为本项目后台管理功能名称与管理功能资源存放区（命名空间、目录）的对照表。

表 2-1　管理功能名称与管理功能资源存放区域对照表

功　能	区域名称	说　明
A-产品项目	AArea	产品项目信息管理

续表 2-1

功　能	区域名称	说　明
A-后台管理	Admin	后台管理入口
B-活动需求	BArea	活动和需求管理
C-新闻动态	CArea	新闻和栏目管理
C-媒体资源	CommonArea	媒体资源管理
K-系统管理	KArea	系统用户管理
L-基础数据	LArea	配套基础数据

2.2.2.2　区域（目录）结构

每个区域（目录）的结构严格按照 MVC 架构要求的结构组成，即由"Controllers""Models""Views"和必要的文件组成，以下以 AArea 为例加以说明。

AArea 子目录中的内容由以下 3 部分组成：

（1）Controllers。控制器类资源目录，存放相应的控制器类文件。

（2）Models。模型目录，存放相应的模型类文件，此目录内容在系统 Models 目录中，此处可省略。

（3）Views。视图目录，存放对应控制器中方法的视图文件，其中文件"_ViewStart. cshtml"定义了系统所使用的布局视图，"_ViewImports. cshtml"定义了视图共用的资源。

2.2.2.3　区域路由注册定义

区域资源访问路由注册定义在 Startup. cs 文件的"Configure"方法中，其内容如下：

```
app. UseMvc( routes =>
    {
        routes. MapRoute(
            name:"AreaRoute",
            template:"{area:exists}/{controller}/{action}/{id?}",
            defaults:new { controller = "Home",action = "Index" });

        routes. MapRoute(
            name:"default",
            template:"{controller=Home}/{action=Index}/{id?}");
    });
```

包括区域路由和主控制器访问路由定义。

2.3 项目 MVC 目录结构

MVC 目录结构由 3 个目录（命名空间）组成，即"Controllers""Models""Views"，是 MVC 项目的主体目录结构（约定命名）。

2.3.1 控制器目录（Controllers）

控制器目录存放前台管理相应的控制器文件，控制器文件的类型为".cs"，即 C#类文件。本项目控制器目录文件内容如下。

AccountController. cs：系统账户管理控制器，系统自定义。

HomeController. cs：项目入口主控制器，包括项目主页（Index）、用户登录（Loging）、关于我们（About）、菜单显示（SubMenuPartial）等方法。

BActionListsController. cs：客户活动管理控制器，记录相关的各种活动信息内容，并及时通知。

BNeedListsController. cs：客户需求管理控制器，记录相关的需求信息内容。

ChartListsController. cs：数据图表展示管理控制器，通过直观图表方式展示相应的数据变化状态。

ManageController. cs：系统用户信息管理控制器，系统自定义。

MusicListsController. cs：音频类文件管理控制器，包括查看、播放、下载等。

NewsListsController. cs：新闻咨询展示管理控制器，显示相关的新闻咨询信息内容和访问记录。

PaymentController. cs：客户订购产品支付管理控制器，记录显示相关的支付信息内容。

ProjectListsController. cs：项目产品显示选择管理控制器，提供项目产品的显示、订购内容。

UnitCenterController. cs：检测单位管理控制器，提供单位注册、信息修改、项目确认等功能。

UnitIdentyListsController. cs：检测单位认证管理控制器，提供认证信息上传功能。

UnitOrderListController. cs：检测单位订单管理控制器，提供订单、回复等功能。

UserCenterController. cs：客户管理控制器，提供注册、信息修改、确认等功能。

UserOrderListController. cs：客户订单管理控制器，提供订单确认、支付、评价等功能。

VideoListsController.cs：视频类文件管理控制器，包括查看、播放、下载等。

OtherController.cs：其他控制器，包括图片处理、图片显示、系统信息显示等方法。

系统后台功能管理控制器分别存储于对应功能区域子目录中的"Controllers"目录中。

2.3.2 模型目录（Models）

存放系统所有的数据模型及相关的管理类文件，模型文件的类型为".cs"，即 C#类文件。本项目公共模型文件目录如下。

AccountViewModels：系统模型目录。

ManageViewModels：系统模型目录。

AlipayModels.cs：支付数据记录模型集合。

AModels.cs：产品项目管理模型集合。

ApplicationUser.cs：系统账户模型。

AppService.cs：应用服务类，包括数据读取、存储、金额变换等自定义方法。

BModels.cs：有关活动、新闻咨询、客户需求等数据记录模型集合。

CModels.cs：网站导航栏目、客户回复等模块用数据模型集合。

CommonModels.cs：公共模型，包括模型信息记录模型、系统信息记录模型等。

ChartDataModels.cs：图表标准数据模型集合。

ErrorViewModel.cs：运行错误信息模型集合。

KModels.cs：用户信息管理用相关模型集合。

LModels.cs：检测单位信息管理用相关模型集合。

BxtestDbContext.cs：数据库连接上下文类（继承自 DbContext 类），内容是项目所有模型的连接对应表名列表，例如 public DbSet<AProjectList> AProjectLists {get; set;}，即工程项目信息记录模型（AProjectList）对应的数据库表名是 AProjectList（其全名规则遵照系统约定优先规则）。

2.3.3 视图目录（Views）

视图目录存放控制器对应方法处理结果（数据）的客户端展示所需要的前端 HTML 文件，其内容结构如图 2-13 所示，其中子目录的名称根据对应控制器名称（主名称）的名称，并在生成控制器时自动生成，相应方法对应的 HTML 文件存放其中；另外其中的两个文件是"_ViewStart.cshtml"和"_ViewImport.cshtml"。

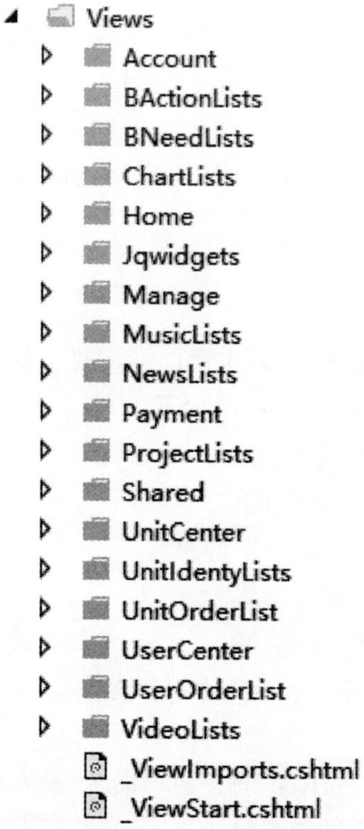

```
▲  📁 Views
    ▷  📁 Account
    ▷  📁 BActionLists
    ▷  📁 BNeedLists
    ▷  📁 ChartLists
    ▷  📁 Home
    ▷  📁 Jqwidgets
    ▷  📁 Manage
    ▷  📁 MusicLists
    ▷  📁 NewsLists
    ▷  📁 Payment
    ▷  📁 ProjectLists
    ▷  📁 Shared
    ▷  📁 UnitCenter
    ▷  📁 UnitIdentyLists
    ▷  📁 UnitOrderList
    ▷  📁 UserCenter
    ▷  📁 UserOrderList
    ▷  📁 VideoLists
       📄 _ViewImports.cshtml
       📄 _ViewStart.cshtml
```

图 2-13   视图目录的内容

子目录名是根据约定规则自动生成，例如，子目录"Home"对应控制器"HomeController. cs"；子目录"Manage"对应于控制器"ManageController. cs"。每个子目录中的内容是相应控制器中对应方法（Action）的视图文件，以控制器"HomeController. cs"为例，其中包括的方法（Action）如下：

```
namespace psjlmvc4. Controllers
{
    public partial class HomeController: Controller
    {
……;
        public IActionResult Index( )
        { ……; return View( rd. ToList( ) ) ; }
        public IActionResult About( )
        { ……; return View( ) ; }
        public IActionResult Contact( )
```

```
            { ……;return View( ) ;}
public async Task<IActionResult> UserloginAsync( string uid ,string pwd)
            { ……;return View( ) ;}
        public virtual ActionResult LogOff( bool qexit = false)
            { ……;}
public IActionResult UserRegister( string uid ,string pwd)
            { ……;return PartialView( rd. ToList( ) ) ;}
public IActionResult ReadMe( )
            { ……;return View( up) ;}
public async Task<IActionResult> SendEmail( string email ,string subject ,string message)
            { ……;return View( rd. ToList( ) ) ;}
public IActionResult UploadFile( )
            { ……;return RedirectToAction("Index","Home") ;}
        private int OnlineCount( string uid ="",bool ps =false)
            { ……;return db. OnlineUsers. Count( ) ;}
……;
        }
}
```

　　"IActionResult" 标识符之后的标识符对应一个方法（Action），如果处理结果（数据）需要展示给客户端，那么就需要一个对应的视图（. cshtml），否则可以没有对应的视图。上述控制器对应的视图子目录中的内容如图 2-14 所示（以字母顺序排列）。

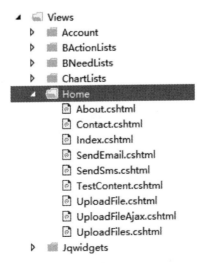

图 2-14　HomeController. cs 对应的视图目录内容

对于方法"Dispose""LogOff"则没有对应的方法视图，因为其任务是后台处理或重定向到其他方法视图。

"Shared"是视图共享目录，存放公用的视图，例如项目视图模板文件"_Layout. cshtml"，运行状态信息显示视图"Error. cshtml"。此目录中的视图文件访问不受路由规则限制，因为"Shared"是优先访问路径。

"_ViewStart. cshtml"是视图运行之前首先被访问的视图，例如视图模板"_Layout. cshtml"。此时"_ViewStart. cshtml"文件内容及格式如下：

```
@ {
    Layout = "~/Views/Shared/_Layout. cshtml";
}
```

"_ViewImport. cshtml"是视图设计、运行共用的信息配置文件。

2.3.4 路由规则定义文件

MVC 架构的目录名称命名遵照"系统约定"规则，以符合"{controller = Home}/{action}/{id?}"的路由访问规则。

访问路由规则包括区域路由规则，其定义在"Startup. cs"文件中的"Configure"方法中，其内容如下：

```
app. UseMvc( routes =>
{
    //区域项目访问路由
    routes. MapRoute(
        name:"AreaRoute",
        template:"{area:exists}/{controller}/{action}/{id?}",
        defaults:new { controller = "Home",action = "Index" } );
        //主项目访问路由
        routes. MapRoute(
        name:"default",
        template:"{controller=Home}/{action=Index}/{id?}");
} );
```

2.4 其他目录说明

其他目录，由用户自定义生成和系统约定生成两种方式产生。

2.4.1 系统约定生成的目录

wwwroot：存放静态资源类文件，例如 css、js、图片等。这些文件来自于自定义或随 JQuery 控件一起的配套的层叠样式文件，或者通过 Bower 管理器下载的文件。本项目使用的 CSS 文件有 "site. coe"。通过 Bower 管理器下载的文件存储在 lib 目录下对应的文件目录，例如 "Jquery" "PagedList. css" "bootstrap. coo" 等，目录 "Theme" 中存放的 CSS 文件是 JQuery 控件一起的配套的层叠样式文件，可以单独使用。

Data：ASP. NET 系统目录，存放数据库迁移功能文件。

依赖项：ASP. NET Core 系统目录，存放项目设计、运行所需要的类库文件，包括 NuGet 管理器下载的和程序包和系统基本程序包 SDK，例如，NuGet 中的 "Microsoft. AspNetCoew. All" 包，SDK 中的 "Microsoft. NetCore. App"，分析器中的 "Microsoft. CodeAnalysis. Analyzers" 等。

Services：默认的系统服务类接口和实现定义类存储目录，默认的接口类有 "ISmsSender" "IEmailSender"，对应的实现类是 "MessageServices"。用户新增加的服务接口类和实现类可在此进行存储。

2.4.2 用户自定义目录

用户自定义目录主要说明静态资源文件目录，在 wwwroot 目录下。

ActionImages：存放活动项目所使用的图片文件。

Images：系统自动生成，也可以存放用户文件，包括系统图片、图标等。

MusicFiles：存放各种音频文件。

NewsImages：存放工程新闻资讯有关的图片文件。

PClassImages：存放自定义的产品项目类别图片文件。

ProjectImages：产品项目相关的图片文件。

UnitIdentyImages：检测单位证件扫描件图片文件。

UnitImages：检测单位相关的图片文件。

UploadFiles：上传文件。

UserImages：系统用户相关的图片文件。

VideoFiles：视频文件。

VideoImages：视频管理相关的代表图片文件。

TagHelpers：项目层目录，存储用户自定义的 HTML 标签类。

ViewComponents：视图控件目录，用户自动视图控件文件。

2.5 Startup. cs 文件

Startup. cs 是 . Net core Web 应用项目的起始执行类，是由项目启动类 Program. cs 启动，并通过"ConfigureServices"和"Configure"方法完成系统配置、参数设置、依赖注入、路由定义等任务。

系统配置内容主要来自 Json 文件，例如 appsettings. json，也可以来自于资源文件或其他 XML 文件。数据库连接定义注入、用户自定义服务注入、路由规则定义等均可在此执行完成。

2.5.1 结构说明

通过 VS2017 新建一个 Web 应用项目后，默认情况下会在根目录自动创建一个 Program. cs、Startup. cs 和 appsettings. json 文件，其作用分别是启动、设置运行环境、提供配置参数，核心是 Startup. cs 类文件，其默认的内容结构如下：

```
using ……
……
namespace bxtest
{
Private readonly IHostingEnvironment env;
    public class Startup
{
            public Startup(IHostingEnvironment env1)
{ env=env1; …… }
public IConfigurationRoot Configuration { get; }
public void ConfigureServices(IServiceCollection services)
{ …… }
public void Configure(IApplicationBuilder app, ILoggerFactory loggerFactory)
        { …… }
}
}
```

文件内容由三个方法和一个配置类变量构成，分别是 Start（）构造方法、ConfigureServices（）配置服务方法和 Configure（）配置应用方法，配置类变量是 Configuration { get; }。

2.5.2 方法说明

2.5.2.1 Start（）方法

作用：构造函数。传入环境变量参数（IHostingEnvironment env1），方法中赋值于类环境变量 env。主要任务是建立类配置变量 Configuration 的内容，其配置内容来自于配置文件、内存变量、资源文件等。

以下示例为基于 Appsettings. json 文件的配置命令, 当未登录的用户访问需要身份验证的网页时, 网页将自动跳转到登录网页。

```
var builder = new ConfigurationBuilder()
        . SetBasePath( env. ContentRootPath)
        . AddJsonFile("appsettings. json", optional : true, reloadOnChange : true)
        . AddJsonFile( $ "appsettings. {env. EnvironmentName}. json", optional : true) ;

builder. AddEnvironmentVariables() ;
Configuration = builder. Build() ;
```

其中: builder. AddEnvironmentVariables (), 加入当前内存变量; Configuration = builder. Build (); 建立类配置变量。

2.5.2.2 ConfigureServices (IServiceCollection services)

作用: 服务中间件注册。注册后的方法就通过依赖注入方式使用。

系统用户数据上下文服务注册:

```
services. AddDbContext<ApplicationDbContext>( options =>
options. UseSqlServer( Configuration. GetConnectionString("DefaultConnection") ) ) ;
```

提示: DefaultConnecttion 是配置文件中数据库连接参数定义字符串, 其内容如下:

```
"DefaultConnection":"Server = (local) ; Database = bxtestdb ; User
Id = wgx ; Password = wgx ; Trusted_Connection = True ; MultipleActiveResultSets = true"
```

Bootstrap 页面服务注册:

```
services. AddBootstrapPagerGenerator( options =>
{
        // Use default pager options.
        options. ConfigureDefault() ;
}) ;
```

Session 服务注册:

```
services. AddSession() ;
```

MVC 服务注册：

```
services. AddMvc( ) ;
```

根据需要，注册相应的服务中间件，便于开发使用。

2.5.2.3 Configure (IApplicationBuilder app, ……)

作用：配置应用服务池，启用服务。例如，访问路由应用定义，其内容如下：

```
app. UseStaticFiles( ) ;
app. UseAuthentication( ) ;
app. UseSession( ) ;
// Add external authentication middleware below. To configure them please see http://
go. microsoft. com/fwlink/? LinkID = 532715
app. UseMvc( routes = >
    {
        routes. MapRoute(
            name:"AreaRoute",
            template:"{area:exists}/{controller}/{action}/{id?}",
            defaults:new { controller = "Home",action = "Index" } ) ;
        routes. MapRoute(
            name:"default",
            template:"{controller=Home}/{action=Index}/{id?}") ;
} ) ;
```

2.5.3 项目 Startup.cs 文件内容示例

项目完成后的 Startus.cs 文件内容如下：

```
using bxtest. Data ;
using bxtest. Models ;
using bxtest. Services ;
using Microsoft. AspNetCore. Builder ;
using Microsoft. AspNetCore. Hosting ;
using Microsoft. AspNetCore. Identity ;
using Microsoft. EntityFrameworkCore ;
using Microsoft. Extensions. Configuration ;
```

```
using Microsoft. Extensions. DependencyInjection;
using Microsoft. Extensions. Logging;
using Sakura. AspNetCore. Mvc;
namespace bxtest
{
    public class Startup
    {
        public Startup( IHostingEnvironment env)
        {
            var builder = new ConfigurationBuilder( )
                . SetBasePath( env. ContentRootPath)
                . AddJsonFile( "appsettings. json", optional: true, reloadOnChange: true)
                    . AddJsonFile ( $ "appsettings. { env. EnvironmentName } . json", optional:
true);
            if ( env. IsDevelopment( ))
            {
                // For more details on using the user secret store see http://go. microsoft.
com/fwlink/? LinkID = 532709

builder. AddUserSecrets( "aspnet-bxtest-03adf78f-865e-42ce-8e3f-38e663f08285");
            }
            builder. AddEnvironmentVariables( );
            Configuration = builder. Build( );
        }
        public IConfigurationRoot Configuration { get; }
        // This method gets called by the runtime. Use this method to add services to the con-
tainer.
        public void ConfigureServices( IServiceCollection services)
        {
            // Add framework services.
            services. AddDbContext<ApplicationDbContext>( options =>
options. UseSqlServer( Configuration. GetConnectionString( "DefaultConnection") ) );
            services. AddDbContext<BxtestDbContext>( options =>
options. UseSqlServer( Configuration. GetConnectionString( "BxtestDbConnection") ) );
            services. AddIdentity<ApplicationUser, IdentityRole>( )
                . AddEntityFrameworkStores<ApplicationDbContext>( )
                . AddDefaultTokenProviders( );
            // Add default bootstrap-styled pager implementation
            services. AddBootstrapPagerGenerator( options =>
```

```
                    {
                        // Use default pager options.
                        options. ConfigureDefault( ) ;
                    } ) ;
                    // Loading the "pager" section in the config file and set as the default pager op-
tions.

services. Configure<PagerOptions>( Configuration. GetSection("Pager") ) ;
                    services. AddSession( ) ;
                    services. AddMvc( ) ;
                    // Add application services.
                    //services. AddTransient<IEmailSender,MessageServices>( ) ;
                    //services. AddTransient<ISmsSender,MessageServices>( ) ;
                    //services. AddTransient<ICountryService,CountryService>( ) ;
                    services. RegisterServices( ) ;
services. AddTransient<Microsoft. ApplicationInsights. Extensibility. TelemetryConfiguration>( ) ;
                    services. AddOptions( ) ;
services. Configure<ProjectInformation>( Configuration. GetSection("ProjectInformation") ) ;
                    }
                    // This method gets called by the runtime. Use this method to configure the HTTP re-
quest pipeline.
                    public void Configure( IApplicationBuilder app,IHostingEnvironment env,ILoggerFac-
tory loggerFactory)
                    {
                        loggerFactory. AddConsole( Configuration. GetSection("Logging") ) ;
                        loggerFactory. AddDebug( ) ;
                        if ( env. IsDevelopment( ) )
                        {
                            app. UseDeveloperExceptionPage( ) ;
                            app. UseDatabaseErrorPage( ) ;
                            app. UseBrowserLink( ) ;
                        }
                        else
                        {
                            app. UseExceptionHandler("/Home/Error") ;
                        }
                        app. UseStaticFiles( ) ;
                        app. UseAuthentication( ) ;
                        app. UseSession( ) ;
```

```
            // Add external authentication middleware below. To configure them please see
http://go. microsoft. com/fwlink/? LinkID = 532715
            app. UseMvc( routes =>
            {
                routes. MapRoute(
                    name:"AreaRoute",
                    template:"{area:exists}/{controller}/{action}/{id?}",
                    defaults:new { controller = "Home",action = "Index" });
                routes. MapRoute(
                    name:"default",
                    template:"{controller=Home}/{action=Index}/{id?}");
            });
        }
    }
}
```

2.5.4　项目 Appsettings. json 文件内容

项目完成后的 Appsettings. json 文件内容如下：

```
{
    "ConnectionStrings":{
        "DefaultConnection":"Server = (local);Database = bxtestdb;User Id = wgx;Password = wgx;
Trusted_Connection = True;MultipleActiveResultSets = true",
        "BxtestDbConnection":"Server = (local);Database = bxtestdb;User Id = wgx;Password =
wgx;Trusted_Connection = True;MultipleActiveResultSets = true"
    },
    "Logging":{
        "IncludeScopes":false,
        "LogLevel":{
            "Default":"Debug",
            "System":"Information",
            "Microsoft":"Information"
        }
    },
    "ProjectInformation":{
        "ProjectName":"环境检测服务信息系统",
```

```
    "CreateDate":"2016-10-01",
    "VersionCode":"2.0",

    "DevelopmentUnitName":"北京物资学院",
    "DevelopmentUnitAddress":"北京通州区富河大街 321 号",

    "UsingUnitName":"上海实朴环境检测人限责任公司",
    "UsingUnitAddress":"上海镇江大街 321 号",
    "ContactMan":"王新",
    "ContactPhone":"13701392210"
},

"Pager":{
"ExpandPageItemsForCurrentPage":2,
"PageItemsForEnding":3,
"Layout":"Default",
"IsReversed":false,
"HideOnSinglePage":true,

"AdditionalSettings":{
    "my-setting-one":"1"
},

"ItemOptions":{
    "Default":{
        "Content":"TextFormat:{0}",
        "Link":"QueryName:pageIndex"
    },
    "Normal":{
        "Content":"TextFormat:{0}",
        "ActiveMode":"Always"
    },
    "Active":{
        "Content":"TextFormat:{0}"
    },
    "Omitted":{
        "Content":"TextFormat:..."
    },
```

```
         "FirstPageButton": {
            "Content": "TextFormat:第一页",
            "InactiveBehavior": "Hide"
            //NotInVisiblePageList, NotInCurrentPage, Always
         },
         "LastPageButton": {
            "Content": "TextFormat:最后页",
            "InactiveBehavior": "Hide"
         },
         "PreviousPageButton": {
            "Content": "TextFormat:上一页",
            "InactiveBehavior": "Hide"
         },
         "NextPageButton": {
            "Content": "TextFormat:下一页",
            "InactiveBehavior": "Hide"

         },
         "GoToLastPage": {
            "Content": "TextFormat:页码{0}"
         }
      }
   }
}
```

文件内容以 {Key：Value} 的格式进行组织。其中

```
"BxtestDbConnection": "Server = (local); Database = bxtestdb; User
Id = wgx; Password = wgx; Trusted_Connection = True; MultipleActiveResultSets = true"
```

是模型与数据库的连接字符串，为 Startup. cs 中注册服务

```
services. AddDbContext<BxtestDbContext>( options =>
options. UseSqlServer( Configuration. GetConnectionString("BxtestDbConnection")));
```

提供参数。其中内容还包括项目信息、列表分页参数等定义。

本章小结

本章内容从 VS2017 开发工具概述开始，说明了 VS2017 的特点及新建项目的过程和项目结构，在此基础上，完整介绍了环境检测信息服务系统的整体项目目录内容结构以及特殊的系统配置文件 Appsettings. json 和启动文件 Startup. cs 的内容结构。

3　MVC 架构及其应用

扫码获取代码
和数据库

MVC 是 Web 应用项目开发的一种模式，是一种基于多层结构的 Web 应用系统架构，这种多层结构一方面为数据的远程处理提供更有效的缓冲机制，另一方面为基于 WEB 应用系统开发的程序员的开发工作减轻了工作量，也有效地缩短了项目开发周期。MVC 架构将开发工作进行了明确分解，代表着未来 Web 应用开发的一种趋势，因此，微软（Microsoft）公司从 VS2012 开始，已经将 MVC 开发模式内置于其中。本章内容如下：

3.1　ASP. NET Core MVC 概述

3.2　ASP. NET Core MVC 项目的运行

3.3　IActionResult 与视图

3.4　Razor 视图引擎

3.1　ASP. NET Core MVC 概述

模型—视图—控制器（MVC）体系结构模式将应用程序分成 3 个主要组件，即模型、视图和控制器。ASP. NET MVC 框架提供用于创建 Web 应用程序的 ASP. NET Web 窗体模式的替代模式。ASP. NET MVC 框架是一个可测试性非常高的轻型应用框架（与基于 Web 窗体的应用程序一样），它集成了现有的 ASP. NET 功能，如母版页和基于成员资格的身份验证。MVC 框架在 Microsoft. AspNetCore. Mvc 程序集中定义。

3.1.1　ASP. NET Core

ASP. NET Core 是一个跨平台的高性能开源框架，用于生成基于云且连接 Internet 的新式应用程序。使用 ASP. NET Core，可以：

（1）生成 Web 应用和服务、IoT 应用和移动后端。

（2）在 Windows、macOS 和 Linux 上使用喜爱的开发工具。

（3）部署到云或本地。

（4）在 . NET Core 或 . NET Framework 上运行。

ASP. NET Core 目前的版本是 2.0，是继 ASP. NET 5.0 之后重新命名，是 . NET Core 的一部分，是微软公司推出的 Web 应用开发技术，是 ASP 技术和 . NET FrameWork 技术相结合的产物。ASP. NET Core 平台解决了服务端代码嵌入网页中执行的技术问题，也就是服务端脚本语句的前端执行。

3.1.1.1 ASP 和 ASP. NET Core

ASP 是 Active Server Pages（动态服务器页面），运行于 IIS（Internet Information Server）服务，是 Windows 开发的 Web 服务器之中的程序，ASP. NET Core 是在 ASP. NET 的基础上扩展而形成的一种跨平台 Web 应用开发技术。

作为战略产品，ASP. NET Core 提供了一个统一的 Web 开发模型，其中包括开发人员生成企业级 Web 应用程序所需的各种服务。ASP. NET Core 的语法在很大程度上与 ASP 兼容，同时它还提供一种新的编程模型和结构，可生成伸缩性和稳定性更好的应用程序，并提供更好的安全保护。可以通过在现有 ASP 应用程序中逐渐添加 ASP. NET 功能，随时增强 ASP 应用程序的功能，是一个可以编译执行的、基于 . NET Core 的环境，可以用任何与 . NET Core 兼容的语言（包括 Visual Basic. NET、C#和 JScript. NET）创作应用程序。另外，任何 ASP. NET Core 应用程序都可以使用整个 . NET Core。开发人员可以方便地获得这些技术的优点，其中包括托管的公共语言运行库环境、类型安全、继承等。

ASP. NET Core 可以无缝地与 WYSIWYG HTML 编辑器和其他编程工具（包括 Microsoft Visual Studio. NET）一起工作。这不仅使得 Web 开发更加方便，而且还能提供这些工具必须提供的所有优点，包括开发人员可以用来将服务器控件拖放到 Web 页的 GUI 和完全集成的调试支持。微软为 ASP. NET 设计了这样一些策略：易于写出结构清晰的代码，代码易于重用和共享，可用编译类语言编写等，目的是让程序员更容易开发出 Web 应用，满足计算向 Web 转移的战略需要。

3.1.1.2 ASP. NET Core 的新性能

ASP. NET Core 是重新设计的 ASP. NET，更改了体系结构，形成了更精简的模块化框架，其新特性表现在以下方面：

（1）集成了现代的客户端框架和开发工作流程。

（2）新的统一集成的环境配置，包括开发环境和运行环境机动车（Configuration）。

（3）系统集成了服务模块依赖项注入定义模式，简化设置任务。

（4）提供了 HTTP 请求管道的多种实现方式，而且更加简便，性能更高。

（5）多平台运行，能够在 IIS、Nginx、Apache、Docker 上进行托管或在自己的进程中进行自托管。

（6）可以使用并行应用版本控制实现多目标运行。

（7）简化 Web 开发的工具，统一 Api 和 MVC 开发结构。

（8）跨平台，能够在 Windows、macOS 和 Linux 进行生成和运行。

（9）开放源代码和以社区为中心。

ASP.NET Core 提供了应用系统更高的稳定性、优秀的升级性，提供项目的快速的开发、简便管理、全新语言以及网络服务功能，其主要优势体现在：

（1）工具集成度高。VS2017 一个平台，集成了 Net Core、语言选择、Javascrip、HTML、CSS、WEB 服务、页面布局等开发者所需要的技术工具，并进行合理组合，易于使用。

（2）高效率。对于一个程序，开发和运行速度是一件非常令人渴望的东西。一旦代码开始工作，接下来就得尽可能地让它运作得快些快些再快些。在 ASP 中只有尽可能精简代码，以至于不得不将它们移植到一个仅有很少一点性能的部件中。而现在，ASP.NET Core 会妥善地解决这一问题。

（3）易控制。在 ASP.NET 里，将会拥有一个"Data-Bounds"（数据绑定），这意味着它会与数据源连接，并会自动装入数据，使控制工作简单易行。

（4）语言支持。ASP.NET 支持多种语言，包括编译类语言，比如 VB、VC、C#、J#等，在 VS2017 系统中，这些都已经内嵌，而且，比这些编译类语言独立运行速度快，非常适合编写大型应用项目。

（5）更好的升级能力。快速发展的分布式应用也需要速度更快、模块化程度更强、操作更加简单、平台支持更多和重复利用性更强的设计开发，这需要一种新的技术来适应不同的系统，网络应用和网站运行需要提供更加强大的可升级服务和可扩展性，ASP.NET 能够适应上述的各种要求。

3.1.1.3 ASP 与 ASP.NET Core 的区别

ASP 与 ASP。NET Core 属于同一系列，但二者还有着本质的区别。

（1）开发语言不同：ASP 仅局限于使用 non-type 脚本语言来开发，在 Web 页中添加 ASP 代码的方法与客户端脚本中添加代码的方法相同，容易导致代码杂乱；ASP.NET 允许程序员选择并使用功能完善的 strongly-type 编程语言，将前端 HTML 代码和后台 ASP 服务端代码分离，并通过功能强大的.NET Framework 平台，编译运行，提高速度。

（2）运行机制不同。ASP 是解释运行的编程框架，所以执行效率较低；ASP.NET 是编译性的编程框架，运行是服务器上的编译好的公共语言运行时库代码，可以利用早期绑定，实施编译来提高效率。

（3）开发方式。ASP 把界面设计和程序设计混在一起，维护和重用困难；ASP.NET 把界面设计和程序设计以不同的文件分离开，重用性和维护性得到了提高。

服务端控件的使用及面向对象程序设计是 ASP.NET 技术的最大特点，是典型有 Web Form 开发模式。

3.1.2 MVC 设计模型

MVC 是指"Model""View""Controller"三个单词的首字母缩写，意为"模型（Model）""视图（View）"和"控制器（Controller）"，简称为"MVC"。

MVC 原型来自于 Desktop 程序设计思想，"M"指数据模型，"V"指用户界面，"C"指控制器。其基本思想是：将 M 和 V 的实现代码分离，通过 C 加以控制管理，从而使同一个程序可以使用不同的表现形式。比如一批统计数据可以分别用柱状图、饼图来表示。C 存在的目的是确保 M 和 V 的同步，一旦 M 改变，V 应该同步更新，反之亦然，从实际的例子可以看出 MVC 就是 Observer 设计模式的一个特例。

3.1.2.1 Web 应用的结构

MVC 是一个设计模式，它强制性地使应用程序的输入、处理和输出分开。使用 MVC，应用程序的结构被分成模型、视图、控制器三个部分，将数据处理、存储、显示分离，各自处理自己的任务。

（1）视图。视图是用户看到并与之交互的界面。对老式的 Web 应用程序来说，视图就是由 HTML 元素组成的界面，在新式的 Web 应用程序中，HTML 依旧在视图中扮演着重要的角色，但一些新的技术已层出不穷，它们包括 Macromedia Flash 和像 XHTML、XML/XSL、WML 等一些标识语言和 Web Services。

如何处理应用程序的界面变得越来越具有挑战性。MVC 一个大的好处是它能为你的应用程序处理很多不同的视图。在视图中其实没有真正的处理发生，不管这些数据是联机存储的还是一个雇员列表，作为视图来讲，它只是作为一种输出数据并允许用户操纵的方式。

（2）模型。模型表示企业数据和业务规则。在 MVC 的 3 个部件中，模型拥有最多的处理任务。例如它可能用 Java、C#等语言和构件对象来处理数据库。被模型返回的数据是中立的，就是说模型与数据格式无关，这样一个模型能为多个视图提供数据。由于应用于模型的代码只需写一次就可以被多个视图重用，所以减少了代码的重复性。

（3）控制器。控制器接受用户的输入并调用模型和视图去完成用户的需求。所以当单击 Web 页面中的超链接和发送 HTML 表单时，控制器本身不输出任何东西和做任何处理。它只是接收请求并决定调用哪个模型构件去处理请求，然后再确定用哪个视图来显示返回的数据。

3.1.2.2 MVC 模型的特点

首先，最重要的一点是多个视图可以共享一个模型，现在需要用越来越多的方式来访问应用程序。对此，其中一个解决之道是使用 MVC，无论用户想要 Flash 界面或是 WAP 界面，用一个模型就能处理它们。由于已经将数据和业务规则从表示层分开，所以可以最大化地重用代码了。

由于模型返回的数据没有进行格式化，所以同样的构件能被不同界面使用。例如，很多数据可能用 HTML 来表示，但是它们也有可能要用 Adobe Flash 和 WAP 来表示。模型也有状态管理和数据持久性处理的功能，例如，基于会话的购物车和电子商务过程也能被 Flash 网站或者无线联网的应用程序所重用。

因为模型是自包含的，并且与控制器和视图相分离，所以很容易改变应用程序的数据层和业务规则。如果想把数据库从 MySQL 移植到 Oracle 或 SQL Server，或者改变基于 RDBMS 数据源到 LDAP，只需改变模型即可。一旦正确地实现了模型，不管数据来自数据库或是 LDAP 服务器，视图将会正确地显示它们。由于运用 MVC 的应用程序的 3 个部件相互独立，改变其中一个不会影响其他两个，所以依据这种设计思想能构造良好的松散耦合构件。

控制器也提供了一个好处，就是可以使用控制器来连接不同的模型和视图去完成用户的需求，这样控制器可以为构造应用程序提供强有力的手段。给定一些可重用的模型和视图，控制器可以根据用户的需求选择模型进行处理，然后选择视图将处理结果显示给用户。

3.1.2.3 MVC 的优势

MVC 的优势如下：

（1）低耦合性。视图层和业务层的分离，允许更改视图层代码而不用重新编译模型和控制器代码；同样，一个应用的业务流程或者业务规则的改变只需要改动 MVC 的模型层即可。因为模型与控制器和视图相分离，所以很容易改变应用程序的数据层和业务规则。

（2）高重用性和可适用性。MVC 模式允许使用各种不同样式的视图来访问同一个服务器端的代码。它包括任何 WEB（HTTP）浏览器或者无线浏览器（WAP），比如，用户可以通过电脑也可通过手机来订购某样产品，虽然订购的方式不一样，但处理订购产品的方式是一样的。由于模型返回的数据没有进行格式化，所以同样的构件能被不同的界面使用。例如，很多数据可能用 HTML 来表示，但是也有可能用 WAP 来表示，而这些表示所需要的命令是改变视图层的实现方式，而控制层和模型层无需做任何改变。

（3）较低的生命周期成本。MVC 使开发和维护用户接口的技术含量降低。

（4）快速的部署。使用 MVC 模式使开发时间得到相当大的缩减，它使程序员（Java 或 C#等开发人员）集中精力于业务逻辑，界面程序员（HTML 和 JSP 开发人员）集中精力于表现形式上。

（5）可维护性。分离视图层和业务逻辑层也使得 WEB 应用更易于维护和修改。

（6）有利于软件工程化管理。由于不同的层各司其职，每一层不同的应用具有某些相同的特征，有利于通过工程化、工具化管理程序代码。

3.1.2.4 MVC 的劣势

MVC 的劣势主要表现在以下几个方面：

（1）缺乏明确的结构定义，理论上是分为模型、视图和控制器三个部分，但不同的开发工具对 MVC 结构的设计有所不同，原理不尽一致，所以完全理解 MVC 并不是很容易，需要花费一些时间去思考。

（2）由于模型和视图要严格地分离，这样也给调试应用程序带来了一定的困难。每个构件在使用之前都需要经过彻底地测试。一旦构件经过了测试，就可以毫无顾忌地重用它们了。

（3）使用 MVC 同时也意味着将要管理比以前更多的文件，这一点是显而易见的。这样好像工作量增加了，但是请记住这比起它所能带给我们的好处是不值一提的。

MVC 设计模式是一个很好创建软件的途径，它所提倡的一些原则，像内容和显示互相分离可能比较好理解。但是如果要隔离模型、视图和控制器的构件，可能需要重新思考应用程序，尤其是应用程序的构架方面。如果肯接受 MVC，并且有能力应付它所带来的额外的工作和复杂性，MVC 将会使软件在健壮性、代码重用和结构方面上一个新的台阶。

3.1.3 MVC 运行机制

MVC 结构模型及运行机制如图 3-1 所示。

在 MVC 架构下，信息（消息或数据）的具体处理过程如下：第一，用户通过浏览器提出请求，调用相应控制器中对应的方法（在控制器类中的动态方法），并传递信息（消息、参数）；第二，控制器接收之后，根据要求，访问数据模型，修改模型，选择相应的视图并传递模型或消息，或者存储模型数据至数据库。

模型中各部分的作用如图 3-2 所示。

下面说明各种部分之间的关系。

（1）M 和 V。M 和 V 完全分离，不存在直接关系，而是通过 C 进行数据和信息交换。

（2）C 和 M。C 和 M 之间存在调用关系，C 调用 M 中的方法，发起对话的是 C，而做出回答的是 M，C 可以问 M 各种各样的问题（调用），但 M 只是回答 C 的问题或要求，它不可以主动地向 C 要求什么，所以，C 知道 M 的所有事情，如果用代码来说明这件事情，就是说，C 可以导入 M 的头文件或是 M 的接口（API）。因为 C 可以通过 M 的 API。

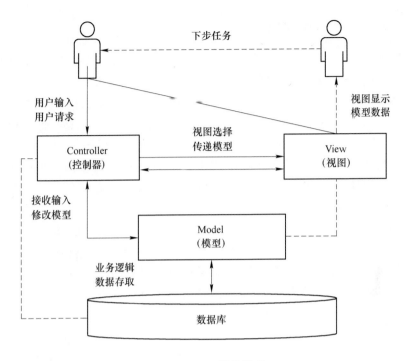

图 3-1 MVC 结构模型

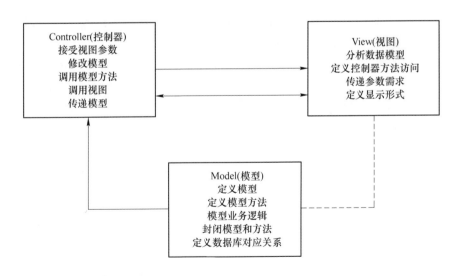

图 3-2 MVC 模型各部分功能

（3）C 和 V。C 接受来自 V 的请求和参数，V 接受 C 传递过来的 M，C 选择相应的 V，打开并显示 M 中的数据。

3.1.4 ASP. NET Core MVC

ASP. NET Core MVC 是微软官方提供的以 MVC 模式为基础的 ASP. NET Web 应用程序（Web Application）框架，它由 Castle 的 MonoRail 而来，目前最新版本是 ASP. NET MVC 6，并成为 VS2017 内置的 Web 应用开发模板，提供了一种可以代替 ASP. NET Web Form 的基于 MVC 设计模式的应用，是三种 ASP. NET 编程模式中的一种。

ASP. NET Core MVC 相对于 ASP. NET WebForm 应用，具有如下优势：

（1）分离任务（输入逻辑、业务逻辑和显示逻辑），易于测试和默认支持测试驱动开发（TDD）。所有 MVC 用到的组件都是基于接口并且可以在进行测试时进行 Mock，在不运行 ASP. NET 进程的情况下进行测试，使得测试更加快速和简捷。

（2）可扩展的简便的框架。MVC 框架被设计用来更轻松地移植和定制功能。你可以自定义视图引擎、UrlRouting 规则及重载 Action 方法等。MVC 也支持 Dependency Injection（DI，依赖注入）和 Inversion of Control（IoC，控制反转）的良好支持。

（3）强大的 UrlRouting 机制让你更方便地建立容易理解和可搜索的 Url，为 SEO 提供更好的支持。Url 可以不包含任何文件扩展名，并且可以重写 Url 使其对搜索引擎更加友好。

（4）可以使用 ASP. NET 现有的页面标记、用户控件、模板页。可以使用嵌套模板页，嵌入表达式<%=%>，声明服务器控件、模板，数据绑定、定位等，自 MVC3 开始，提供了新的 View 视图引擎 Razor；取代了<%=%>语法结构。

（5）对现有的 ASP. NET 程序的支持，MVC 使用户可以使用如窗体认证和 Windows 认证、Url 认证、组管理和规则、输出、数据缓存、Session、Profile、Health Monitoring、配置管理系统、Provider Architecture 特性。

（6）项目资源管理采用"约定优先"的方法建立目录（命名空间）结构，路由清晰，便于程序设计与编写。

3.2 ASP. NET Core MVC 项目的运行

ASP. NET MVC 项目建成后，其资源目录结构是以"Controllers""Views""models"为核心进行配置，项目起始入口（开始首页）是位于"Views"目录下"HomeController"对应的视图目录"Home"中的"Index. cshtml"视图，项目所有视图的访问路由规则是"Controller/Action/id"。

3.2.1 路由规则定义

"路由规则"规定了 MVC 项目中，视图被访问的路径规则，其定义内容位于 Startup. cs 类的"Configure"方法中。

ASP. NET MVC 应用项目创建之后，系统默认创建了相应的启动文件 Startup. cs，位于项目主目录，是首先执行的类文件，是 ASP. NET 资源目录之一。

3.2.1.1 路由规则定义

路由规则定义的内容如下：

```
……
app. UseMvc( routes => 
{
//区域访问路由规则
    routes. MapRoute(
        name:"AreaRoute",
        template:"{area:exists}/{controller}/{action}/{id?}",
        defaults:new { controller = "Home", action = "Index" } );
    //顶层访问路由规则
routes. MapRoute(
        name:"default",
        template:"{controller=Home}/{action=Index}/{id?}") );
});
……
```

启动 Startup 类的是 Program 类，具有 WebHostBuilderExtensionsUseStartup < TStartup>方法。Program 类的完整代码内容如下：

```
using Microsoft. AspNetCore;
using Microsoft. AspNetCore. Hosting;
namespace bxtest
{
    public class Program
    {
        public static void Main( string[ ] args)
        {
            BuildWebHost( args). Run( );
        }
```

```
public static IWebHost BuildWebHost(string[ ]args) = >
    WebHost. CreateDefaultBuilder(args)
        . UseStartup<Startup>( )
        . Build( );
    }
}
```

在 ASP. NET Core MVC 应用程序的运行过程中，请求会被发送到 Controller 中，这样就对应了 ASP. NET Core MVC 应用程序中的 Controllers 文件夹中对应的 Controller；根据路由规则，调用对应的方法（Action），在方法中只负责数据的读取和页面逻辑的处理。

在 Controllers 读取数据时，需要通过 Models 从数据库中读取相应的信息。读取数据完毕后，Controllers 再将数据和 Controller 整合并提交到 Views 视图中，整合后的页面将通过浏览器呈现在用户面前。首次访问时，调用的方法是 "Home-Controller" 中的 "Index" 方法，这是由路由规则参数 " {controller=Home}/{action=Index}/{id?} " 定义，是应用程序的入口。

3.2.1.2 其他页面的访问

例如，当用户访问 http：//localhost/Home/About 页面时，首先这个请求会被发送到 Controllers 文件夹中的 "HomeController" 控制器中对应的方法（Action） "About"，方法 "About" 中有准备显示数据（模型）的逻辑，然后通过 "Return View（）" 命令调用位于 "Views/Home" 文件来中的 "About. cshtml" 视图文件，并在浏览器中显示内容，供终端用户使用。下面是控制器 "HomeController. cs" 中方法（Action）的内容：

```
……
namespace bxtest. Controllers
{
    [HandleError( )]
    public class HomeController:Controller
    {
……
        //系统门户说明
        [AllowAnonymous]
        public IActionResult About( )
        {
            ViewBag. Message = "关于公司情况说明";
```

```
        return View( ) ;
    }
    ......
    }
}
```

View（）没有指定视图名称，则默认的视图是和方法名称相同的视图，其默认名称是"About. cshtml"，其简化后的视图内容如下所示：

```
@ {
    viewbag. title = "关于我们";
}
<div style = "width : 1024px ; margin : auto ;">
<div class = "insetText">
<h2> @ ViewBag. Title</h2>
</div>
<div style = "border-radius : 5px ; background-color : #7db9e8 ; padding : 10px ;">
@ Html. Label("公司名称：") @ psjlmvc4. Properties. Resources. AppliedUnit <br />
@ Html. Label("公司地址：") @ psjlmvc4. Properties. Resources. AppliedUnitAddress <br />
@ Html. Label("联系电话：") @ psjlmvc4. Properties. Resources. AppliedTelephone<br />
</div>
</div>
```

运行后的 About. cshtml 页面实际效果如图 3-3 所示。

图 3-3 About. cshtml 页面

3.2.2 路径命名与映射关系

第一，控制器类文件的命名规则是 "XXXController. cs"，例如，"HomeCon-troller. cs"，其中 "XXX" 是控制器的标识主名称；第二，在 Views 目录中，有一个对应的以 "XXX" 为名称的目录，用于存放 "XXXController. cs" 中的方法对应的视图文件；第三，"XXXController. cs" 的方法 "YYY"（关键字 IActionRe-sult 后的方法名称）的对应视图名称为 "YYY. cshtml"，存放于 "Views/XXX" 目录中，如图 3-4 所示。

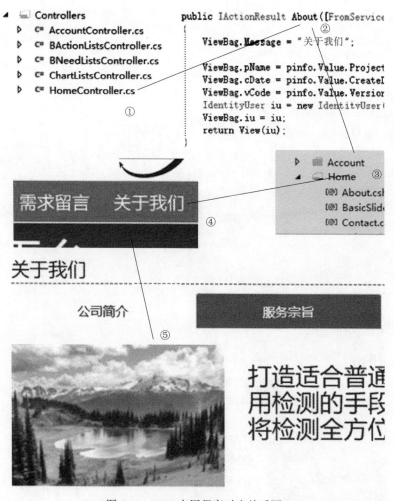

图 3-4 MVC 应用程序对应关系图

ASP. NET MVC 应用程序中的 URL 路径访问是从控制器中的方法开始，并由方法决定调用的页面（视图），例如，访问/Home/About，实际访问的是 Home-

Controllers 中的 About 方法；而访问/Account/Login 就是访问 AccountControllers 中的 Login 方法，以此类推。

同时，对于目录及文件命名规则，则采用"事先约定"方式，例如，Home-Controller. cs 控制器类文件对应的视图存放目录是 Views 中的 Home 子文件夹（/Views/Home），而其中的 Index 和 About 方法分别对应于相应目录中的 Index. cshtml 文件和 About. cshtml 文件。

命名约定规则：默认情况下 XXXController. cs 对应 Views 的 XXX 子文件夹，而其中 XXXController. cs 的 YYY（）方法对应 XXX 子文件夹中的 YYY. cshtml，而访问路径 XXX/YYY 即是访问 XXXController. cs 中的 YYY（）方法。

3.2.3　布局页

ASP. NET Core MVC 架构系统采用了全新的页面整体布局方式——渲染（Render），并通过位于/Views/Shared 目录下的视图文件"_Layout. cshtml"实现。

3.2.3.1　布局视图文件_Layout. cshtml

布局视图文件_Layout. cshtml 位于目录/Views/Shared，其内容如下：

```
<! DOCTYPE html>
<html>
<head>
<meta charset="utf-8" />
<meta name="viewport" content="width=device-width, initial-scale=1. 0" />
<title>@ ViewData["Title"] - 百姓检测</title>
<link rel="stylesheet" href="~/lib/bootstrap/dist/css/bootstrap. css" />
<link rel="stylesheet" href="~/css/site. css" />
<script src="~/lib/jquery/dist/jquery. js"></script>
<script src="~/lib/bootstrap/dist/js/bootstrap. js"></script>
<script src="~/lib/Microsoft. jQuery. Unobtrusive. Ajax/jquery. unobtrusive-ajax. min. js"></script>
<script src="~/js/site. js" asp-append-version="true"></script>
</head>
<body>
<div style="border-bottom:2px solid red;">
<div class="container">
<div class="row text-center">
<div class="col-lg-4 text-left">
                @ await Html. PartialAsync("_UserLoginPartial")
```

```
</div>
<div class="col-lg-2 visible-lg">
                    @DateTime.Now
</div>
<div class="col-lg-6 visible-lg">
                    @await Html.PartialAsync("_UnitLoginPartial")
</div>
</div>
</div>
</div>
<div class="container">
<div class="row">
<div class="col-lg-3 text-left">
<img src="~/images/bxjclogo.png" />
</div>
<div class="col-lg-3 visible-lg text-right">
<img src="~/images/Certification01.png" />
</div>
<div class="col-lg-3 visible-lg text-right">
<img src="~/images/Certification05.png" />
</div>
<div class="col-lg-3 visible-lg text-right">
<img src="~/images/ScanWithText.png" />
</div>
</div>
</div>
<nav class="navbar" id="topmenu">
<div class="container">
<div class="navbar-header">
<button type="button" class="navbar-toggle" data-toggle="collapse" data-target=".navbar-collapse">
<span class="sr-only">Toggle navigation</span>
<span class="icon-bar"></span>
<span class="icon-bar"></span>
<span class="icon-bar"></span>
</button>
</div>
<div class="navbar-collapse collapse">
```

```
<ul class="nav navbar-nav text-justify">
                        @await Component. InvokeAsync("IndexMenu")
</ul>
</div>
</div>
</nav>
<div class="container body-content">
        @RenderBody()
</div>
<footer id="main-footer">
<div class="container">
<div class="row">
<div class="col-lg-3">
                        @Context. Session. GetString("userid")
                        @Context. User. Identity. Name
                        @Context. User. Identity. IsAuthenticated
</div>
<div class="col-lg-3">
<p>
<img src="~/images/IconImages/beforeicon. png" height="30" width="30" class="pull-left"
/>
                        @bxtest. Properties. Resources. CompanyName
</p>
</div>
<div class="col-lg-3">
<p>&copy;@DateTime. Today. Year - 百姓检测维护</p>
</div>
<div class="col-lg-3">
</div>
</div>
</div>
</footer>
    @RenderSection("scripts", required:false)
</body>
</html>
```

　　如果有其他的多个类似的布局视图文件，就尽量存放于此，因为目录/
Views/Shared 是默认优先访问的目录。

3.2.3.2 _Layout. cshtml 内容组成

布局页_Layout. cshtml 是一个独立的网页，是网站中其他网页的框架，显示内容的模板页，也称母板页，不能直接显示，不能以方法直接调用，为统一风格的网站主题做出了贡献。从内容结构组成可分为三个部分：引入 CSS 和 JS 文件；网站网页的共同显示内容；不同内容网页的渲染（显示）。

第一部分：引入 CSS 和 JS 文件。利用 "<script>" 标签引入所需要的 JS 文件；"<link>" 标签引入所需要的 CSS 文件。JS 和 CSS 文件可独立引入，示例如下：

```
<link rel="stylesheet" href="~/lib/bootstrap/dist/css/bootstrap. css" />

<link rel="stylesheet" href="~/css/site. css" />

<script src="~/lib/jquery/dist/jquery. js"></script>

<script src="~/lib/bootstrap/dist/js/bootstrap. js"></script>

<script src="~/lib/Microsoft. jQuery. Unobtrusive. Ajax/jquery. unobtrusive-ajax. min. js"></script>

<script src="~/js/site. js" asp-append-version="true"></script>
```

ASP. NET Core 中引入 JS 和 CSS 的方法又重新还原为标准 HTML 标签方法。

在此引入的 CSS 和 JS 适用于所有以此模板页为母板页的页面使用（不用再次引入）。

第二部分：网站网页的共同显示内容。设计网页共同使用的内容，即模板内容，例如网站导航、网站说明、面备注等，例如_Layout. cshtml 布局页中 "<body>" 和 "</body>" 之间的内容，代码示例如下：

```
<body>
<div style="border-bottom:2px solid red;">
<div class="container">
<!—共用内容:注册登录-->
</div>
<div class="container">
<!—共用内容:主题与 LOGO-->
</div>
<nav class="navbar" id="topmenu">
<div class="container">
<!—共用内容:网站导航-->
</div>
</nav>
```

```
<div class="container body-content">
        @RenderBody()<! —其他子页面渲染在此-->
</div>
<footer id="main-footer">
<div class="container">
<! —共用内容:脚注内容-->
</div>
</footer>
        @RenderSection("scripts",required:false)<! —附加节内容-->
</body>
```

第三部分：不同内容网页的渲染。

注意_Layout. cshtml 布局页中"<body>"和"</body>"之间的内容中，有这样的代码：

```
<div class="container body-content">
        @RenderBody()<! —其他子页面渲染在此-->
</div>
```

@RenderBody（）是子页面渲染并显示的位置（RenderBody（）方法），每一个布局页中只能且仅能渲染一次，即"@RenderBody（）"只能且仅能出现一次，子页面的内容直接替换到该方法处。

3.2.4 _ViewStart. cshtml 文件

在 ASP.NET MVC 中新建项目之后，Views 目录下自动生成文件"_ViewStart. cshtml"（对应 Razor，VB，也可能是_ViewStart. vbhtml），此文件在视图被调用之前首先被调用的视图文件，其作用是指定"@RenderBody（）"渲染视图所使用的母板页，实现默认 Layout 的作用，内容如下：

```
@{
    Layout = "~/Views/Shared/_Layout. cshtml";
}
```

这个视图文件会在所有图文件（XXX. cshtml）被执行之前执行，主要用于一些不方便或不能在母版（_Layout. cshtml）中进行的统一操作，例如，有多个没有继承关系的母版或不使用母版的单页，如果每个视图的母板页执行指向这个文件的操作，虽然没有多大问题，但是重复工作量非常大，Views 目录下文件 _ViewStart. cshtml 文件的使用解决了这个问题。

在_ViewStart. cshtml 文件中，定义一些参数或做一些判断，定义过程和语法与普通的页面定义没有任何差别。_ViewStart 文件可以被用来定义想要在每次视图呈现开始的时候执行的通用视图代码。比如，_ViewStart. cshtml 文件中写下面这样的代码来编程，设置每个视图的默认布局属性为_SiteLayout. cshtml 文件：

```
@{
    Layout = "~/Views/Shared/_SiteLayout. cshtml";
}
```

因为这段代码在每个视图开始的时候执行，所以不需要在任何单个视图文件中显示设置布局（除非想要覆盖上面的默认值），实现一次性编写视图逻辑、重复使用，避免在不同的地方重复它。

_ViewStart. cshtml 是使用 HTML 代码编写的页面文件，因此，可以设计符合用户需要的布局选择逻辑，相对于通过基本属性设置实现的逻辑，控制更加灵活，变化更加多样。例如，可以根据访问网站的设备不同来使用不同的布局模板——有针对手机或 tablet 等这些设备的优化布局，针对 PCs/笔记本的桌面优化布局；或者如果创建一个被不同的用户使用的 CMS 系统或通用共享应用，能根据访问网站的客户（或角色）的不同而选择不同的布局。这将大大提高用户界面的灵活性。也可以在一个控制器或操作筛选器中指定布局页。

3.2.5 _ViewImports. cshtml 文件

此文件的作用是设置页面共用的类库，特别是新增功能"TagHelper"所引用的类库，方便在进行页面设计时实现代码智能提示功能，减少独立页面的引用代码，其他内容示例如下：

```
@ using bxtest
@ using bxtest. Models
@ using bxtest. Models. AccountViewModels
@ using bxtest. Models. ManageViewModels
@ using Microsoft. AspNetCore. Identity
@ using Microsoft. AspNetCore. Http
@ using Microsoft. AspNetCore. Razor. Tools
@ using jQWidgets. AspNetCore. Mvc. TagHelpers

@ addTagHelper * ,Microsoft. AspNetCore. Mvc. TagHelpers
```

```
@ addTagHelper  * ,jQWidgets. AspNetCore. Mvc. TagHelpers

@ addTagHelper  * ,jQWidgets. AspNetCore. Mvc. Bootstrap. TagHelpers

@ addTagHelper  * ,Sakura. AspNetCore. Mvc. PagedList

@ addTagHelper  * ,bxtest


@ inject  Microsoft. ApplicationInsights. Extensibility. TelemetryConfiguration  TelemetryConfiguration
```

此文件包括基本类库和"TagHelper"类库，这样，"Views"中所有视图等同于引用此类类库。

3.3 IActionResult 与视图

ASP. NET Core MVC 项目中创建的控制器（Controller），是 CS 类文件，其内容由不同的方法（函数或 Action）组成，用户请求是根据路径规则发送到控制器中的某个方法（Action），并通过"Return View（）"方式返回调用相应视图，显示结果。根据前述的控制器示例，其中大多数方法的返回类型是从 Microsoft. AspNetCore. Mvc 命名空间中提供的控制器基类派生出一个控制器"IActionResult"，例如，控制器 HomeController 中的 Index（）方法、About（）等，默认的返回类型都是 IActionResult。IActionResult 实际上是一个抽象（abstract class）基类，位于 Microsoft. AspNetCore. Mvc 命名空间，而实际返回的类型是该抽象类的子类，通过提供不同形式的内容在页面中呈现。

IActionResult 允许访问大量关于请求的上下文信息，构建发送回客户端的返回结果，在响应中发送简单的字符串和整数，还可以发送复杂对象，如表示学生、学校或餐馆等的对象以及与该对象相关联的所有数据，这些结果通常封装到实现 IActionResult 接口的对象中，因此，有许多不同的结果类型实现这个接口，可以包含模型或下载文件的内容。这些不同的结果类型可以允许将 JSON 或 XML 或构建 HTML 的视图发送回客户端。

3.3.1 IActionResult 的子类类型

IActionResult 抽象类的子类类型，见表 3-1。

表 3-1 IActionResult 抽象类的子类类型

名　　称	作　　用
ContentResult	返回字符串

名　称	作　用
FileContentResult	返回文件内容
FilePathResult	返回文件内容
FileStreamResult	返回文件内容
EmptyResult	不返回任何内容
JavaScriptResult	返回要执行的脚本
JsonResult	返回 JSON 格式的数据
RedirectToResult	重定向到指定的 URL
HttpUnauthorizedResult	返回 403 HTTP 状态代码
RedirectToRouteResult	重定向到不同的操作/不同的控制器操作
ViewResult	作为视图引擎的响应接收
PartialViewResult	接收作为视图引擎的响应

在 MVC 中所有的 Controller 类的内容由返回类型为 "IActionResult" 的若干方法（Action）组成，其中对 Action 的要求如下：

（1）必须是一个 public 方法。

（2）必须是实例方法。

（3）没有标志 NonActionAttribute 特性的（NoAction）。

（4）不能被重载。

（5）必须返回 ActionResult 类型。

例如，在 HomeController 中，"Index（）" 方法的定义代码如下：

```
public class HomeController:Controller
{
    // 必须返回 ActionResult 类型
    public IActionResult Index( )
    {
        ViewBag. Message = "系统门户首页";
        ……
        return View( rd. ToList( ) );
    }
}
```

示例说明返回一个名为 "Index" 的视图，同时传递一个实体记录对象

"rd. ToList（）"。

3.3.2 IActionResult 返回类型说明

3.3.2.1 IActionResult 返回类型：ViewResult

ViewResult 是常用的 IActoinResult 返回类型，对应的返回结果语句是 "return View（）"，返回 ViewResult 视图结果，将视图呈现给网页。

```
public IActionResult About()
{
    return View();// 参数可以传递 model 对象
}
```

3.3.2.2 IActionResult 返回类型：PartialViewResult

返回 PartialViewResult 部分视图结果，主要用于返回部分视图内容（有参数的用户控件），对应的回返结果语句是 "return PartialView（）"。部分视图文件可根据控制器约定规则，在相应的 /Views/ 目录下创建部分视图，也可以在目录 Views/Shared 下创建（公用且没有参数）。例如，在产品项目功能区域 "JArea" 的 Views/ProjectStatistics/ 创建了部分视图 "YearCountPartial. cshtml"，对应的调用方法代码如下：

```
//年份产品销售统计部分视图方法
public ActionResult YearCountPartial(DateTime date1,DateTime date2)
{
int y1 = date1. Year,y2 = date2. Year;
var sl = new StatisticsList(date1,date2);
var rd = db. AProjectLists. Where(p => p. logdate. Year>=y1 && p. logdate. Year <= y2);
for(int i=y1;i<=y2;i++)
{
sl. xValue. Add(i. ToString());
sl. yValue. Add(rd. Count(p => p. logdate. Year == i));
}
ViewBag. Message = y1 + "-" + y2 + "年产品销售统计";
return PartialView(sl);
}
```

页面调用，将 "部分视图结果" 输出到 "部分视图" 所在网页相应的位置。

3.3.2.3 IActionResult 返回类型：ContentResult

ContentResult 子类返回用户定义的字符内容结果，例如：

```
public ActionResult Content()
{
    return Content("Test Content","text/html");// 可以指定文本类型
}
```

则页面输出的内容为 "Test Content"；此类型多用于在 Ajax 操作中需要返回的文本内容。

3.3.2.4 ActionResult 返回类型：JsonResult

JsonResult 子类返回序列化的 Json 对象，例如：

```
public ActionResult Json()
{
    Dictionary<string,object> dic = new Dictionary<string,object>();
    dic. Add("id",100);
    dic. Add("name","hello");
    return Json(dic,JsonRequestBehavior. AllowGet);
}
```

返回 Json 格式对象 "DIC"，可以用 Ajax 操作；设置参数 "JsonRequestBehavior" 参数，否则会提示 "此请求已被阻止" 错误信息；由于当使用 GET 请求时，会将敏感信息透漏给第三方网站，若要允许 GET 请求，请将 JsonRequestBehavior 设置为 "AllowGet"。

3.3.2.5 IActionResult 返回类型：JavaScriptResult

JavaScriptResult 返回可在客户端执行的脚本，例如：

```
public ActionResult JavaScript()
{
    string str = string. Format("alter('{0}');","返回 JavaScript");
    return JavaScript(str);
}
```

但这里并不会直接响应弹出窗口，需要用页面进行再一次调用。这个可以方便根据不同逻辑执行不同的 js 操作。

3.3.2.6 IActionResult 返回类型: FileResult

FileResult 返回要写入 HTTP 请求响应中的二进制输出文件, 一般可以用作要简单下载的功能, 例如:

```
public ActionResult FileDownload( string fullname = null)
{
var shortname = Path. GetFileName( fullname ) ;
return File( fullname,"application/x-download",Url. Encode( shortname ) ) ;
}
```

直接下载 "shortname" 所指定的文件后保存到本地, 默认保存文件名为 "shortname"。

3.3.2.7 IActionResult 返回类型: EmptyResult

EmptyResult 返回 Null 或者 Void 数据类型的 EmptyResult, 不显示内容, 例如:

```
public ActionResult Empty( )
{
    return null;
}
```

返回结果为 NULL。

3.3.2.8 IActionResult 返回类型: 重定向方法类

重定向方法分 Redirect、RedirectToAction、RedirectToRoute。

Redirect, 直接转到指定的 url 地址:

```
public ActionResult Redirect( )
{
    // 直接返回指定的 url 地址
    return Redirect("http://www. baidu. com") ;
}
```

RedirectToAction, 直接使用 Action Name 进行跳转, 也可以加上 Controller-Name, 也可以带上参数:

```
public ActionResult RedirectResult( )
{
    return RedirectToAction("Index","Home",new { id = "100",name = "liu" } ) ;
}
```

RedirectToRoute，指定路由进行跳转：

```
public ActionResult RedirectRouteResult( )
{
    return RedirectToRoute("Default", new { controller = "Home", action = "Index"} );
}
```

Default 为 RouteConfig. cs 中定义的路由名称。

另外需要说明，类"FileContentResult""FilePathResult""FileStreamResult"是子类"File"的派生类。

3.3.3 View 及其应用

View 即视图，用来在客户端显示用户所请求的结果。视图有布局视图（_Layout. cshtml）、部分视图（PartialView）和方法视图（View），部分视图又分为方法渲染（RenderAction）和直接调用（Partial）两种形式。此处所讨论的视图是方法视图（View）。

3.3.3.1 Controller 与 Action

Controller 是 ASP. NETCore MVC 中的类，所有新建的控制器继承于此类。控制器的内容是由方法（或者称之为"Action"）组成。下面以新建一个控制器过程为例，说明控制器的应用。

建立 MVC 控制器步骤如下：

第一步，选中 Controllers 目录，右键弹出菜单中选择"添加（D）"菜单项，再选择"控制器"，即弹出添加控制器选项对话框，如图3-5所示。

第二步，确定新建控制器的名称，此处控制器命名为"ProjectListController"，其含义是产品项目管理控制器（与模型类的名称相同），取代默认的名称"Default1Controller"。

第三步，选择控制器模板，决定生成控制器的结构和内容选项，分为以下几个选项：

（1）空 MVC 控制器。生成只含有 Index（）方法（Action）的控制器，并且不自动生成相应的视图。控制器代码如下：

```
using System. Web. Mvc;
namespace psjlmvc4. Controllers
{
    public class EmptyController:Controller
    {
```

```
public ActionResult Index( )
{
    return View( );
}
```

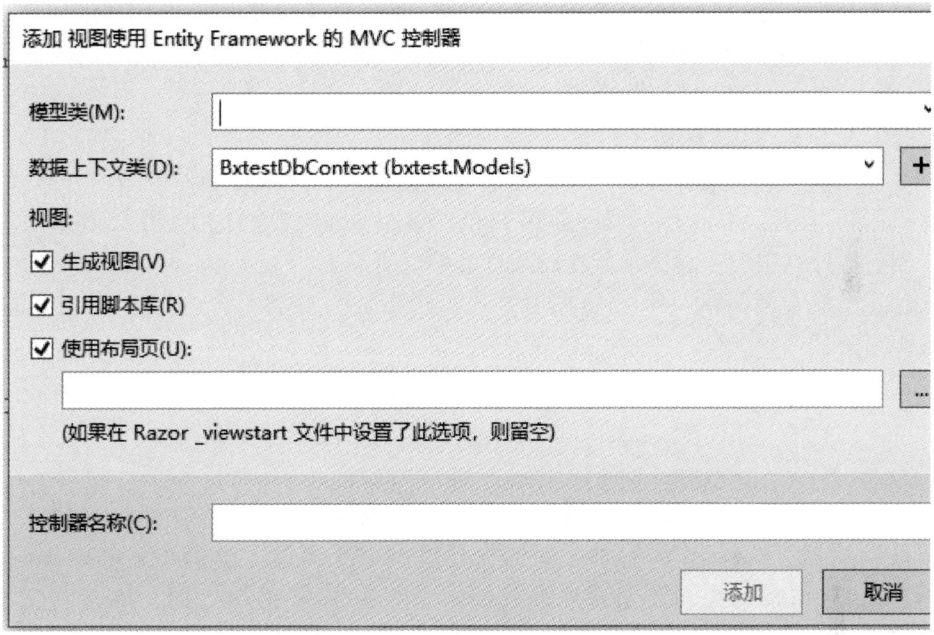

图 3-5　添加控制器选项对话框

可根据需要，增加必要的方法（Action）。

（2）包含读/写操作和视图的 MVC 控制器（使用 Entity Framework）。此选项生成的控制器，会自动生成包括列表显示（Index）、新增（Create）、编辑（Edit）、删除（Delete）操作对应的方法，即 CRUD 操作方法，同时生成对应的视图（根据模板文件生成），当然，"模型类"选项内容不能为空。

（3）包含空的读/写操作的 MVC 控制器。和上个选项相比，不需要模型类，不生成对应的视图。

第四步，选择模型类，如果控制器模板选择"包含读/写操作和视图的 MVC 控制器（使用 Entity Framework）"选项，则需要指定操作所使用的数据模型类，从下拉列表中选取一个。

第五步，选择数据上下文类。数据上下文类定义了实体模型类对应的数据库存储记录表，并定义了数据存储所使用的表名，根据约定，对应表名为模型类名

称加 "s"，例如模型类的名称为 "KUserList"，则对应的数据库存储表的名称为
"KUserLists"，那么在此类中的定义形式如下：

```
public DbSet<KUserList> KUserLists { get;set;}
```

这样，通过模型数据集 "KUserLists"，就可以完成模型类实例的检索、新
增、编辑、删除等一系列的操作管理。

第六步，选择生成视图所使用的引擎。这里选择 "Razor（CSHTML）" 视
图引擎。注意，只有控制器模板选项 "包含读/写操作和视图的 MVC 控制器
（使用 Entity Framework）" 有效。

3.3.3.2　建立视图

视图的生成有两种方式：一是在建立控制器时，选择控制器模型 "包含读/
写操作和视图的 MVC 控制器（使用 Entity Framework）" 自动生成；二是建立控
制器后选择性生成，具体示例在后续章节中说明。

在生成视图时的一个重要选项是 "视图引擎" 选项，在此，选用 "Razor"
视图引擎。

3.4　Razor 视图引擎

Razor 视图引擎生成的视图中，服务器端执行代码设计采用 Razor 语法进
行设计编程。Razor 作为一种全新的模板被 MVC3 及以后版本和 WebMatrix 使
用。Razor 在减少代码冗余、增强代码可读性和智能感知方面，都有着突出
的优势。

3.4.1　Razor 标识符号

Razor 语句是嵌入 HTML 视图中的服务器端执行代码，同时支持 C#（C
sharp）和 VB（Visual Basic），此处只介绍基于 C#（C sharp）语言的 Razor 语法
及应用。

3.4.1.1　语法规则

基于 C#语言规则体系的 Razor 引擎语法规则如下：

（1）代码开始标记符号为 "@"。

（2）代码语法规则和 C#类似。

（3）多代码行时需要封装于 {...} 中，多行时语句行以分号（;）进行
分隔。

（4）变量、函数、Helper 等直接引用。

下面是一段嵌入视图（cshtml）中基于 Razor 引擎的 C#代码实例：

```
<! -- 单行代码块定义变量 -->
@｛ var myMessage ＝ ″Hello World″;｝
<! -- 行内表达式或变量 使用变量-->
<p>The value of myMessage is:@ myMessage</p>
<! -- 多行语句代码块 -->
@｛
    var greeting = ″Welcome to our site!″;
    var weekDay = DateTime. Now. DayOfWeek;
    var greetingMessage = greeting + ″Here in Huston it is:″ + weekDay;
｝
<p>The greeting is:@ greetingMessage</p>
@ Html. Partial(″SubMenuPartial″,this. Model)
@ Html. ActionLink(″A-产品项目″,″Index″,new｛ funcode = ″A″, mtitle = ″A-产品项
目″｝)
@ Html. ActionLink(″B-定价管理″,″Index″,new｛ funcode = ″B″, mtitle = ″B-定价管理″｝)
@ Html. ActionLink(″C-活动管理″,″Index″,new｛ funcode = ″C″, mtitle = ″C-活动管理″｝)
@ Html. ActionLink(″D-订单管理″,″Index″,new｛ funcode = ″D″, mtitle = ″D-订单管
理″｝)
```

3.4.1.2　使用说明

Razor 是一种简单的编程语法，类似于<%……%>作用，用于在网页中嵌入服务器端代码。

Razor 语法基于 ASP. NET 框架，该框架是微软的 . NET 框架特别为 WEB 应用程序开发而设计的组成部分，使用了简化过的语法，网页可被描述为带有两种内容的 HTML 页面：HTML 内容和 Razor 代码。

当服务器读取这种页面后，在将 HTML 页面发送到浏览器之前，会首先运行 Razor 代码。这些在服务器上执行的代码能够完成浏览器中无法完成的任务，比如访问服务器数据库。服务器代码能够在页面被发送到浏览器之前创建动态的 HTML 内容。从浏览器来看的话，由服务器代码生成的 HTML 与静态 HTML 内容没有区别。

3.4.1.3　Razor 语法之代码块定义

可以使用@ ｛code｝来定义一段代码块，例如：

```
@｛
    int num1 = 10;
    int num2 = 5;
```

```
    int sum = num1 + num2;
    @ sum;
}
```

在代码块中，编写代码的方式和通常服务器端代码的方式是一样的。另外，如果需要输出，例如上面的在页面中输出结果，可以使用@ sum 完成输出。另外，@（code）可以输出一个表达式的运算结果，上面的代码也可以写成这样：

```
@ {
    int num1 = 10;
    int num2 = 5;
    int sum = num1 + num2;
    @ (num1 + num2);
}
```

3.4.1.4 Razor 语法之代码混写

Razor 支持代码混写。在代码块中插入 HTML、在 HTML 中插入 Razor 语句都是可以的，例如：

```
@ {
    int num1 = 10;
    int num2 = 5;
    int sum = num1 + num2;
    string color = "Red";
<font color="@ color">@ sum</font>
}
```

3.4.1.5 输出@ 符号：@@

输出 Email 地址：Razor 模板会自动识别出 Email 地址，所以不需要进行任何的转换。而在代码块中，只需要使用@：Tom@ gmail. com 即可。@：表示后面的内容为文本。

输出 HTML 代码（包含标签）：直接输出，string html = "<font color='red'>文本</font>"；@ html。

输出 HTML 内容（不包含标签）：有两种方法，第一种：IHtmlString html = new HtmlString（"<font color='red'>文本</font>"）；@ html；第二种：string html

= ″<font color=′red′>文本</font>″；@ Html. Raw（html）。

3.4.1.6 Razor 语法之注释

这里所说的注释是指服务器端的注释，在 Razor 代码块中，可以使用 C#的注释方式来进行注释，分别是//：（单行注释）和/ * */（多行注释）。

另外，Razor 还提供了一种新的服务器端代码注释，可以即注释 C#代码，同时可以注释 HTML 代码，@ * *@，这种注释方式不受代码块的限制，在 Razor 代码中的任何位置都可以，例如：

```
@ *
这是一个注释
<b>这个是注释</b>
 *@
```

3.4.2 Razor C# 基本语法

变量是用于存储数据的命名实体。

3.4.2.1 变量命名与使用

变量名称必须以字母字符开头，后跟字母或数字或下划线，不能包含空格等其他符号，例如逗号（,）、句号（.）、惊叹号（!）；不能使用系统所用的保留字，例如"var""int""string"。

例：ab12、my _ name、projectcode 是合法的；12de、var、my – name、greeting、create 是非法变量标识符。

变量可以是某个具体的类型，指示其所存储的数据类型，字符串变量存储字符串值，整数变量存储数值，日期变量存储日期值等。

3.4.2.2 变量声明

使用 var 关键词或类型对变量进行声明，例如：

```
var greeting = ″Welcome to W3chtml″;
var counter = 103;
var today = DateTime. Today;
string greeting = ″Welcome to W3chtml″;
int counter = 103;
DateTime today = DateTime. Today;
```

3.4.2.3 数据类型

常用数据类型如下：

（1）int。整数，103，12，5168。

（2）float。浮点数，3.14，3.4e38。

（3）decimal。小数，1037.196543。

（4）bool。逻辑值，true，false。

（5）string。字符串值，"Hello W3chtml"，"Bill"。

3.4.2.4 运算符

Razor 语法引擎支持多种运算符，见表 3-2。

表 3-2 Razor 语法引擎支持的运算符

运算符	描 述	实 例
=	赋值运算	i=6，a=b
+	加法运算	i=5+5，a=b+c
−	减去值或变量	i=5−5
*	乘值或变量	i=5*5
/	除值或变量	i=5/5
+=	累加运算	S+=5，等价于 S=S+5
−=	累减运算	S−=5，等价于 S=S−5
==	两个等号，等于比较运算	(i==10)，返回 True 或 False
!=	不相等比较运算	(i!=10)，返回 True 或 False
<	小于比较运算	(i<10)，返回 True 或 False
>	大于比较运算	(i>10)，返回 True 或 False
<=	小于等于比较运算	(i<=10)，返回 True 或 False
>=	大于等于比较运算	(i>=10)，返回 True 或 False
+	字符串连接运算	"w3"+"school"="w3school"
.	点运算，分隔对象与方法	DateTime.Hour
( )	括号分组运算，优先级最高	(i+5)*6
( )	函数运算	x=Add(i,5)
[ ]	数组运算，访问数组或集合中的值	name[3]
!	逻辑反转运算	!truw=false，!false=true
&&	逻辑与运算	true && true=true
||	逻辑或运算	true || true=true

3.4.2.5 数据类型转换与判断函数

Razor 语言引擎中的数据转换与判断函数见表 3-3。

表 3-3 **Razor** 语言引擎中的数据转换与判断函数

方 法	描 述	实 例
AsInt ( )	字符串转换为整数	myInt = myString. AsInt ( ) ;
IsInt ( )	判断是否整数	if (myString. IsInt ( ))
AsFloat ( )	字符串转换为浮点数	myFloat = myString. AsFloat ( ) ;
IsFloat ( )	判断是否浮点数	if (myString. IsFloat ( ))
AsDecimal ( )	字符串转换为十进制数	myDec = myString. AsDecimal ( ) ;
IsDecimal ( )	判断是否十进制数	if (myString. IsDecimal ( ))
IsDateTime ( )	判断是否日期时间	if (myString. IsDateTime ( ))
AsDateTime ( )	字符串转换为 DateTime 类型	myDate = myString. AsDateTime ( ) ;
AsBool ( )	把字符串转换为逻辑值	myBool = myString. AsBool ( ) ;
IsBool ( )	判断是否逻辑值	if (myString. IsBool ( ))
ToString ( )	把任意数据类型转换为字符串	myString = myInt. ToString ( ) ;

3.4.3 Razor C#循环语句

利用循环语句，可以重复执行一组代码。

3.4.3.1 for 循环

在确定循环的次数或循环初值和终值的前提下，可以使用 for 循环，例如计数或规律步长的循环。

例：下面是一个 CSHTML 网页中嵌入的显示循环次数的代码。

```
<html>
<body>
@ for( var i = 10;i < 21;i++)
    {
        <p>Line @ i</p>
    }
</body>
</html>
```

3.4.3.2 for each 循环

如果需要处理集合或数组，则通常要用到 for each 循环。

集合是一组相似的对象，for each 循环允许在每个项目上执行一次任务。for each 循环会遍历集合直到完成为止。

例如，遍历 ASP. NET Request. ServerVariables 集合。

```
<html>
<body>
<ul>
@ foreach ( var x in Request. ServerVariables)
    {<li>@ x</li>}
</ul>
</body>
</html>
```

3.4.3.3　while 循环

while 是一种通用的循环。while 循环以关键词 while 开始，后面跟括号，其中定义循环持续的长度，然后是要循环的代码块。while 循环通常会对用于计数的变量进行增减。

在下面的例子中，循环每运行一次，+= 运算符就向变量 i 增加 1。

```
<html>
<body>
@ {
    var i = 0;
    while ( i < 5)
    {
i += 1;
<p>Line #@ i</p>
    }
}
</body>
</html>
```

3.4.3.4　数组

数组是用一个变量存储一组类型相同的数据集合，请看下面的示例。

```
@ {
    string[ ]members = {"Jani","Hege","Kai","Jim"};
    int i = Array. IndexOf( members,"Kai")+1;
    int len = members. Length;
    string x = members[2-1];
```

```
}
<html>
<body>
<h3>Members</h3>
@ foreach ( var person in members )
{

    <p>@ person</p>
}
<p>The number of names in Members are @ len</p>
<p>The person at position 2 is @ x</p>
<p>Kai is now in position @ i</p>
</body>
</html>
```

3.4.4 Razor C#判断语句

3.4.4.1 if (条件) {语句块}
如果条件成立（值为 true），则挨靠基于条件块内的代码，否则，跳过语句块后执行。如需测试某个条件，使用 if 语句，if 语句基于测试来返回 true 或 false，请看示例。

```
@ { var price = 50; }
<html>
<body>
@ if ( price>30 )
{
<p>The price is too high. </p>
}
</body>
</html>
```

3.4.4.2 if (条件) {语句块 1} else {语句块 2}
如果条件成立，执行"语句块 1"，否则执行"语句块 2"，示例如下：

```
@ { var price = 20; }
<html>
```

```
<body>
@ if ( price>30)
{
<p>The price is too high. </p>
}
else
{
<p>The price is OK. </p>
}
</body>
</html>
```

注释：在上面的例子中，如果价格不大于 30，则执行"<p>The price is too high. </p>"语句；否则执行"<p>The price is OK. </p>"语句。

3.4.4.3 if else if

多条件分支，其语法请参考示例。

```
@ { var price = 25; }
<html>
<body>
@ if ( price> = 30)
{
<p>The price is high. </p>
}
else if ( price>20 && price<30)
{
<p>The price is OK. </p>
}
else
{
<p>The price is low. </p>
}
</body>
</html>
```

在上面的例子中，如果第一个条件为 true，则执行第一个代码块；否则，如果下一个条件为 true，则执行第二个代码块；以此类推；如果所有条件都不成立，则执行"else"后的代码块。

3.4.4.4 switch 条件

switch 是多分支结构，根据条件分支，选择满足条件后的代码块执行，具体示例如下：

```
@ {
    var weekday = DateTime. Now. DayOfWeek;
    var day = weekday. ToString( );
    var message = "";
}
<html>
<body>
@ switch( day)
{
    case "Monday":
message = "This is the first weekday. ";
break;
    case "Thursday":
message = "Only one day before weekend. ";
break;
    case "Friday":
message = "Tomorrow is weekend!";
break;
    default:
message = "Today is " + day;
break;
}
<p>@ message</p>
</body>
</html>
```

说明：测试值（day）位于括号中。每个具体的测试条件以 case 关键词开头，以冒号结尾，其后允许任意数量的代码行，以 break 语句结尾。如果测试值匹配 case 值，则执行代码行（块）。

switch 代码块可为其余的情况设置默认的 case(default:)，允许在所有 case 均不为 true 时执行代码。

3.4.5 几个基于 Razor 帮助器的用法

3.4.5.1 布局（@RenderBody）

ASP. NET MVC 提供 layout 方式布局，为网站设计统一风格的界面的模板，其"@RenderBody（）"方法是模板的核心技术。作为一个母版页，在这个模板框架结构中，"@RenderBody（）"出现的位置就是不同网页显示的位置，请看下面的示例：

```
@{
    Layout = "/LayoutPage. cshtml";
    Page. Title = "ASP. NET MVC 布局页";
}
<! DOCTYPE html>
<html lang="en">
<head>
<meta charset="utf-8"/>
<title>我的网站 - @Page. Title</title>
</head>
<body>
<p>This is a layout test</p>
        @RenderBody()
</body>
</html>
```

3.4.5.2 页面渲染（@RenderPage）

当需要在一个页面中，引用输出另外一个以 Razor 为引擎的页面内容时，比如头部或者尾部这些公共的内容，就可以使用@RenderPage（）方法实现。

例如：在 A 页面中调用输出 B 页面的内容。

A 页面的内容如下：

```
<p>
    @RenderPage("/b. cshtml")
</p>
```

B 页面的代码如下：

```
<font color="red">这是一个子页面</font>
```

3.4.5.3 Section 区域渲染（@RenderSection）

Section 是定义在 Layout 中使用的占位符，如果有子页面需要在此位置引用输出，在 Layout 的页面中，使用@RenderSection（"Section 名称"）进行渲染留位，示例如下。

Layout 布局页中的代码：

```html
<! DOCTYPE html>
<html lang="en">
<head>
<meta charset="utf-8"/>
<title>我的网站 - @Page. Title</title>
</head>
<body>
    @RenderSection("SubMenu")
        @RenderBody()
</body>
</html>
```

使用此区域的页面代码：

```
@section SubMenu{
    Hello This is a section implement in About View.
}
```

注意：如果某个子页面不需要在此位置呈现，也就是说没有去实现 SubMenu 功能，则会抛出异常。因此，需要在 Layout 布局页中使用重载@RenderSection（"SubMenu"，false），避免此错误的产生。

```
@if (IsSectionDefined("SubMenu"))
{
    @RenderSection("SubMenu",false)
}
else
{
    <p>SubMenu Section is not defined! </p>
}
```

3.4.5.4 Helper 帮助器渲染 (@helper)

helper 提供了独立功能代码引用技术，对于可重复使用的方法定义成帮助器，这样，不仅可以在同一个页面不同地方使用，还可以在不同的页面使用，例如：

```
@helper sum(int a, int b)
{
var result=a+b;
    @result
}
<div>
<p>@@helper 的语法</p>
    <p>2+3=@sum(2,3)</p>
<p>5+9=@sum(5,9)</p>
</div>
```

通常会把一类 helper 放在一个单独的 cshtml 文件中，而文件名就相当于一个类名。例如上面的盒子可以改写为如下的形式：

把完成 sum 功能的代码放在 HelpMath.cshtml 文件中，则在上面的 cshtml 中的使用方法是：

```
<p>2+3=@HelpMath.sum(2,3)</p>
<p>5+9=@HelpMath.sum(5,9)</p>
```

另外，系统还提供了一系列的 helper，用来简化 Html 的书写。这些 Helper 放在@Html 中，可以方便地使用：

```
<p>
    @Html.TextBox("txtName")
</p>
```

本章小结

本章内容主要介绍了基于 ASP.NET Core MVC 架构的技术实现，包括 MVC、C#Razor 语言基础环境下的网页设计架构以用常用的语言语法规则和技术结构，并较为详细说明了基于 MVC 模式的项目结构和设计方法。

4　EF 架构与实体模型设计

扫码获取代码
和数据库

实体模型（Entity Model）是通过代码对数据库中表对象及关系的抽象描述，是在数据库层之上的一种数据处理方式。实体模型在 MVC 架构中处于"M"层，被控制层（Controller）处理并传递到视图层（View）进行表现。实体模型设计包括数据结构定义、实体关系定义、属性规则、处理逻辑等。ASP. NET 平台中设计完成此项任务的工具是 EntityFramework，即实体模型框架。

本项目中的实体模型设计根据功能模块进行分组归类，即分为产品管理实体模型、单位管理实体模型、新资讯实体模型、系统管理实体模型等，经不同的类存储于项目目录"Models"中。为了节省篇幅，本章选取"产品管理""单位管理""系统管理"功能所涉及的实体模型，说明 EF 框架下实体模型定义及应用。

本章主要内容如下：

4.1　EF 概述

4.2　产品管理实体模型定义

4.3　单位管理实体模型定义

4.4　系统管理实体模型定义

4.5　实体模型与数据库关联

4.1　EF 概述

实体框架（Entity Framework，简称 EF）是一组面向数据模型的管理技术，在 ADO. NET 平台中，支持面向数据管理应用系统的开发。这种数据模型管理技术在 ASP. NET MVC 架构框架下得以充分应用。面向数据的应用程序开发需要实现两个不同的目标：第一是建立实体模型、关系及处理逻辑；第二是处理数据引擎，完成数据处理、数据存储和数据检索。实体框架使开发人员关注于特定域的对象和属性（如客户和客户地址）表单中的数据，无需关心底层的数据库表和存储此数据的位置。在实体框架中，开发人员可以在更高层次上进行抽象工作，并处理数据，相对于传统应用程序面向数据的应用程序，其创建和维护具有更少的代码。实体框架是 .NET 框架的一个组成部分，基于实体框架应用程序可以运行在安装 .NET Framework 平台的任何计算机系统上（已经集成到 Visual Studio 2010 及以后版本中），在 ASP.NET Core 平台被重新命名为"EntityFramework Core"，简称"EFCore"。

4.1.1　EF 的特点

现以 ASP.NET Entity Framework Core 版本为例，说明其主要特点。

（1）封装性更好，增、删、改、查询实现更加方便。

（2）修改提升 Linq to Entity 功能，主要表现消除多余子查询、部分命令功能切换到客户端进行执行、减少对表中所有列的同时请求、将单 LINQ 查询转换为 $N+1$ 查询。

（3）开发效率高，使用 Code First 设计实体模型，通过上下文类生成数据库及其中的对象；用少量代码即可生成一个简单、通用的数据集合。

（4）EF.Functions 属性，可以用来自定义一些基于通配符的方法函数，映射到数据库，并可在 LINQ 查询中调用。

（5）多个实体可以映射到数据库中的一个表，也就是说实体和表可以分离。

（6）引入了"垂直过滤"功能，即全局查询过滤功能，可以定义在上下文类中，起到通用查询共用的过滤条件。

EF 的工作模式有以下 3 种：

（1）数据库优先（Database First）。这种方式是比较传统的以数据库为核心的开发模式。比较适合有数据库 DBA 的团队或者数据库已存在的情况，其优点是编辑代码最少的方式，在有完整的数据库的前提下，几乎可以不编辑任何代码就能完成应用程序的数据层部分（EF）；缺点是不够灵活，域模型结构完全由数据库控制生成，结构不一定合理；受数据库表和字段名影响，命名不规范。

（2）代码优先（Code First）。借助 Code First，可通过使用 C#或 Visual Basic.NET 类来描述模型。模型的基本形状可通过约定来检测。约定是规则集，用于在使用 Code First 时基于类定义自动配置概念模型。

（3）模型优先（Model First）。Model First，顾名思义，就是先创建 EF 数据模型，通过数据模型生成数据库的 EF 创建方式。

在 EFCore，以代码优先工作模式为主。

4.1.2　实体模型（EF）的验证规则

Model 使用 Data Annotations 定义数据模型，并通过验证类名称加参数的方式对实体及实体属性进行有效性验证，首先引入以下的类库：

```
using System. ComponentModel. DataAnnotations;
using System. ComponentModel. DataAnnotations. Schema
```

注意，这里的验证会在 Web 客户端和 EF 端同时进行。常用的验证方法关键字及说明如下：

（1）［Key］。数据库，定义一个类的主键。

（2）［Required］。数据库，会把字段设置成 not null；验证，模型修改时要求必须输入内容，例如，是否可以为 null［Required（AllowEmptyStrings = false）］不能为 null 和空字符串。

（3）［MaxStringLegth］。数据库，字符型字段长度的最大值，模型修改时要求输入内容的长度不能超出此定义的长度。

（4）［MinStringLegth］。最小长度定义，验证模型修改时输入内容的长度是否长度不够。

（5）［NotMapped］。不和数据库匹配的字段，比如数据库存了 First Name、Last Name，可以创建一个属性 Full Name，数据库中没有，但是可以使用到其他地方。

（6）［ComplexType］。复杂类型，当想用一个表，但是表中其他的列做成另外一个类，这个时候可以使用，例如，BlogDetails 是 Blog 表的一部分，在 Blog 类中有个属性是 BlogDetails。

```
[ComplexType]
public class BlogDetails {
    public DateTime? DateCreated { get;set; }
    [MaxLength(250)]
    public string Description { get;set; }
}
```

（7）［ConcurrencyCheck］。这是并发标识，标记为 ConcurrencyCheck 的列，在更新数据前，会检查字段内容有没有改变，如果改变了，说明期间发生过数据修改。这个时候会导致操作失败，出现 DbUpdateConcurrencyException 例外。

（8）［TimeStamp］。这种数据类型表现自动生成的二进制数，确保这些数在数据库中是唯一的。TimeStamp 一般用作给表行加版本戳的机制。存储大小为 8 字节，所以对应的.net 类型是 Byte［］，一个表只能有一个 timestamp 列。

（9）［Table］［Column］。用来表示与数据库匹配的项目，如下例所示。

```
[Table("InternalBlogs")]
```

```
public class Blog {
    [Column("BlogDescription",TypeName="ntext")]
    public String Description {get;set;}
}
```

（10）［DatabaseGenerated］。数据库中有些字段是触发器类似的创造的数据，这些不希望在更新的时候使用，但是又想在读取出来，可以用这个标记。

```
[DatabaseGenerated(DatabaseGenerationOption.Computed)]
public DateTime DateCreated {get;set;}
```

（11）［ForeignKey］。指定关系所依据的外部键，如下例中的"［ForeignKey("BlogId")］"。

```
public class Post{
public int Id {get;set;}
public string Title {get;set;}
public DateTime DateCreated {get;set;}
public string Content {get;set;}
public int BlogId {get;set;}
[ForeignKey("BlogId")]
public Blog Blog {get;set;}
public ICollection<Comment> Comments {get;set;}}
```

（12）［InverseProperty］。如果子表使用了 ForeignKey，父表又使用字表的 Collection 对象会导致在子表中生成多个外键，这个时候，需要在父表类中的子表 Collection 对象上添加上这个 Attribute，表明会重用子对象的哪个属性作为外键。

其他验证规则将会在实体定义中说明。

4.1.3 EF Code First 默认规则及配置

EF Code First 的默认规则（Convention）包括：

（1）表及列默认规则。EF Code First 默认生成的表名为类名，表的生成为 dbo 用户，列名与实体类属性名称相同。

（2）主键约束。实体类中属性名为 Id 或［类名］Id 或使用［Key］定义的列，将作为生成表的主键。若主键为 int 类型，则默认为 Sql Server 的 Identity

类型。

（3）字符类型属性。实体类中 string 类型的属性，在生成表时，对应 Sql Server 中 nvarchar（max）类型。

（4）Byte Array 类型约束。实体类中 byte［］类型的属性，生成表时对应 Sql Server 中 varbinary（max）类型。

（5）Boolean 类型约束。实体类中 bool 类型的属性，在生成表是对应 Sql Server 中 bit 类型。

其关系配置有"一对多""多对多"和"一对一"三种，其中"多对多"关系一般情况下需要转换为"一对多"进行处理。

规则配置主要有两种方式：Data Annotations 配置和 Fluent API 配置。

Data Annotations 使用命名空间 System. ComponentModel. DataAnnotations；Fluent API 通过重写 DbContext. OnModelCreating 方法实现修改 Code First 默认约束。为保障数据库的稳定性，实际应用中前者较为常用。

4.2 产品管理实体模型定义

产品管理实体模型定义内容在类"AModels"中，实体模型有"产品项目""产品项目类别""产品评价"，另外"客户订单""订单状态""宣传视频"和"视频类别"实体定义也在此类中。"AModels. cs"类文件在项目目录"Models"中。

4.2.1 "产品项目"实体模型定义

"产品项目"实体模型内容主要记录产品项目有关的属性，包括固有属性和因管理所需要而增加的属性，类名为"AProjectList"，对应数据库中存储表的名称为"AProjectLists"，其具体内容如下：

```
// **************************************************
#region 产品项目记录模型
[DisplayName("产品项目")]
[Table("AProjectLists")]
public class AProjectList
{
    [Key]
    [Display(Name = "项目编号")]
    [StringLength(20, ErrorMessage = "长度不能超过{1}个符号...")]
    [Remote("CodeValidate", "AProjectLists", ErrorMessage = "此{0}已经存在...")]
```

```
[Required(ErrorMessage = "｛0｝的内容不能为空...")]
public string ProjectCode ｛ get;set;｝ = "";
[Display(Name = "项目名称")]
[Required(ErrorMessage = "｛0｝的内容不能为空...")]
[StringLength(200,ErrorMessage = "长度不能超过｛1｝个符号...")]
public string ProjectName ｛ get;set;｝ = "";
[Display(Name = "项目说明")]
[DataType(DataType.MultilineText)]
public string AbstractContent ｛ get;set;｝
[Display(Name = "测试内容")]
[StringLength(500,ErrorMessage = "长度不能超过｛1｝个符号...")]
public string TestItems ｛ get;set;｝
[Display(Name = "服务方式")]
[StringLength(20,ErrorMessage = "长度不能超过｛1｝个符号...")]
public string ServiceMode ｛ get;set;｝
[Display(Name = "适用对象")]
[StringLength(20,ErrorMessage = "长度不能超过｛1｝个符号...")]
public string ForObject ｛ get;set;｝
[Display(Name = "计量单位")]
[StringLength(10,ErrorMessage = "长度不能超过｛1｝个符号...")]
public string CountUnit ｛ get;set;｝
[Display(Name = "原始单价")]
[DataType(DataType.Currency)]
[DisplayFormat(ApplyFormatInEditMode = false,DataFormatString = "｛0:C｝")]
public double UnitPrice ｛ get;set;｝
[Display(Name = "折扣率")]
[DisplayFormat(ApplyFormatInEditMode = false,DataFormatString = "｛0:N3｝")]
[Range(0,1,ErrorMessage = "｛0｝在｛1｝和｛2｝之间...")]
public double DiscountRate ｛ get;set;｝ = 0;
[Display(Name = "实际单价")]
[DataType(DataType.Currency)]
[NotMapped]
public double LastPrice ｛ get ｛ return this.UnitPrice * (1 - this.DiscountRate);｝ ｝
[Display(Name = "发布日期")]
[DataType(DataType.Date)]
[DisplayFormat(ApplyFormatInEditMode = true,DataFormatString = "｛0:yyyy-MM
-dd｝")]
public DateTime BeginDate ｛ get;set;｝ = DateTime.Today;
```

```
[Display(Name = "图片文件名称")]
[StringLength(100, ErrorMessage = "长度不能超过{1}…")]
public string ImageFileName { get; set; }
[Display(Name = "备注说明")]
[StringLength(100, ErrorMessage = "长度不能超过{1}…")]
public string Remark { get; set; }
// *******************************************
[Display(Name = "产品类别")]
public string PClassCode { get; set; } = "";
[Display(Name = "项目负责人")]
public string UserId { get; set; } = "";
// *******************************************
[Display(Name = "产品类别详细内容", Description = "Link")]
public virtual AProjectClassList AProjectClassList { get; set; }
[Display(Name = "负责人详细内容")]
public virtual KUserList KUserList { get; set; }
[Display(Name = "产品相关订单")]
public virtual ICollection<AOrderList> AOrderLists { get; set; }
[Display(Name = "产品相关评价")]
public virtual ICollection<AValuationList> AValuationLists { get; set; }
}
#endregion 工程项目记录模型结束
```

"产品项目"实体模型定义内容分别由属性初始化（构造函数中写成）、属性定义、关系定义、内部验证规则四个部分组成。其中主键为"ProjectCode"，数据库中对应表名称为"AProjectLists"。

4.2.2 "产品项目类别"实体模型定义

"产品项目类别"实体模型主要记录产品项目的类别信息，是产品项目的辅助实体，其类名为"AProjectClassList"，对应数据库中存储表的名称为"AProjectClassLists"，其具体内容如下：

```
// *******************************************
#region 产品项目类别记录模型
[DisplayName("产品项目类别")]
[Table("AProjectClassLists")]
```

```
public class AProjectClassList
{
    [Key]
    [Display(Name ="产品项目类别编号")]
    [Remote("CodeValidate","AProjectClassLists",ErrorMessage ="此项目类别已经存
在...")]
    [StringLength(1)]
    [RegularExpression("^[A-Z]$",ErrorMessage ="一位大写字母...")]
    [Required()]
    public string PClassCode { get;set;}
    [Display(Name = "产品项目类别名称")]
    [StringLength(20)]
    public string PClassName { get;set;}
    [Display(Name = "图片文件名称")]
    [StringLength(100)]
    public string ImageFileName { get;set;}
    [Display(Name = "备注说明")]
    [StringLength(100)]
    public string Remark { get;set;}
    // *********************************************
    [Display(Name = "相关产品")]
    public virtual ICollection<AProjectList> AProjectLists { get;set;}
}
#endregion 产品项目类别记录模型结束
```

产品项目类别实体和产品项目实体是一对多关系,并通过

```
public virtual ICollection<AProjectList> AProjectLists { get;set;}
```

进行关联;反之,在产品项目定义中,通过

```
public virtual AProjectClassList AProjectClassList { get;set;}
```

与之关系,其中的外键(ForeignKey)是"PClassCode",即产品项目类别的主键。

4.2.3 "客户订单"实体模型定义

"客户订单"实体模型主要记录客户通过前台所订购的产品项目信息,为方

便管理，也在此定义，其类名为"AOrderList"，在数据库中对应存储表名称为"AOrderLists"，其具体内容如下：

```
//**********************************************
#region 客户订单记录模型
[DisplayName("客户订单")]
[Table("AOrderLists")]
public class AOrderList
{
    [Key]
    [Display(Name = "订单编号")]
    [Required(ErrorMessage = "{0}内容不能为空...")]
    public string OrderCode { get;set;} = DateTime.Now.ToString("yyyyMMddhhmmss");
    [Display(Name = "计量单位")]
    [StringLength(20,ErrorMessage = "{0}的长度不能超过{1}...")]
    public string CountUnit { get;set;} = "";
    [Display(Name = "单价(元)")]
    [DisplayFormat(DataFormatString = "{0:n2}",ApplyFormatInEditMode = false)]
    public Double UnitPrice { get;set;} = 0;
    [Display(Name = "订购数量")]
    public int Amount { get;set;} = 0;
    [Display(Name = "折扣率")]
    [Range(0,1,ErrorMessage = "{0}的值在{1}和{2}之间...")]
    [DisplayFormat(DataFormatString = "{0:p2}",ApplyFormatInEditMode =false)]
    public Double DiscountRate { get;set;} = 0;
    [Display(Name = "折后单价(元)")]
    [DisplayFormat(DataFormatString = "{0:n2}",ApplyFormatInEditMode = false)]
    [NotMapped]
    public Double DiscountUnitPrice
    {
        get { return UnitPrice * (1 - DiscountRate);}
    }
    [Display(Name = "金额(元)")]
    [DataType(DataType.Currency)]
    [NotMapped]
    public Double PayMoney { get { return DiscountUnitPrice * Amount;} }
    [Display(Name = "订购日期")]
    [DataType(DataType.DateTime)]
```

```
        [DisplayFormat(DataFormatString = "{0:yyyy-MM-dd hh:mm:ss}",ApplyForma-
tInEditMode =true)]
        public DateTime BeginDate { get;set;} = DateTime. Now;
        [Display(Name = "付款日期")]
        [DataType(DataType. DateTime)]
        [DisplayFormat(DataFormatString = "{0:yyyy-MM-dd hh:mm:ss}",ApplyForma-
tInEditMode = true)]
        public DateTime PayDate { get;set;} = DateTime. Now;
        [Display(Name = "完成日期")]
        [DataType(DataType. DateTime)]
        [DisplayFormat(DataFormatString = "{0:yyyy-MM-dd hh:mm:ss}",ApplyForma-
tInEditMode = true)]
        public DateTime EndDate { get;set;} = DateTime. Now;
        [Display(Name = "测试日期")]
        [DataType(DataType. DateTime)]
        [DisplayFormat(DataFormatString = "{0:yyyy-MM-dd hh:mm:ss}",ApplyForma-
tInEditMode = true)]
        public DateTime TestDate { get;set;} = DateTime. Now;
        [Display(Name = "取消日期")]
        [DataType(DataType. DateTime)]
        [DisplayFormat(DataFormatString = "{0:yyyy-MM-dd hh:mm:ss}",ApplyForma-
tInEditMode = true)]
        public DateTime CancelDate { get;set;} = DateTime. Now;
        [Display(Name = "详细地址")]
        [StringLength(600,ErrorMessage = "{0}的长度不能超过{1}...")]
        public string DetailAddress { get;set;} = "";
        [Display(Name = "检测结果及说明")]
        [DataType(DataType. Text)]
        public string TestResult { get;set;} = "";
        [Display(Name = "备注说明")]
        [StringLength(250,ErrorMessage = "{0}的长度不能超过{1}...")]
        public string Remark { get;set;}
        // *******************************************
        [Display(Name = "订单状态",Description = "Link")]
        [ForeignKey("AOrderStatusList")]
        public string OrderStatusCode { get;set;} = "A";
        [Display(Name = "订单产品",Description = "Link")]
        [ForeignKey("AProjectList")]
```

```
        public string ProjectCode { get;set; }
        [Display( Name = "订单用户", Description = "Link") ]
        [ForeignKey("KUserList") ]
        public string UserId { get;set; }
        [Display( Name = "检测单位", Description = "Link") ]
        [ForeignKey("LUnitList") ]
        public string UnitCode { get;set; }
        // ************************************************
        [Display( Name = "订单状态详细") ]
        public virtual AOrderStatusList AOrderStatusList { get;set; }
        [Display( Name = "订单产品详细") ]
        public virtual AProjectList AProjectList { get;set; }
        [Display( Name = "订单用户详细") ]
        public virtual KUserList KUserList { get;set; }
        [Display( Name = "检测单位详细") ]
        public virtual LUnitList LUnitList { get;set; }
        // ************************************************
        [Display( Name = "单位检测报告记录") ]
        public virtual ICollection<LTestReportList> LTestReportLists { get;set; }
    }
#endregion 客户订单记录模型结束
```

其中外键"ProjectCode"来自产品项目实体,建立从产品项目对象到客户订单对象之间一对多关系;外键"OrderStatusCode"来自订单状态实体,建立从订单状态对象到客户订单对象之间一对多关系;外键"UserId"来自系统用户实体,建立从系统用户对象到客户订单对象之间一对多关系;外键"UnitCode"来自检测单位实体,建立从检测单位对象到客户订单对象之间一对多关系。

4.2.4 "订单状态"实体模型定义

"订单状态"实体模型为客户订单模型的辅助对象,记录客户订单的运行状态信息,单独出来,方便数据更改。其类名为"AOrderStatusList",在数据库中对应的存储表为"AOrderStatusLists",其具体内容如下:

```
// ************************************************
#region 订单状态记录模型
[DisplayName("订单状态") ]
```

```
[Table("AOrderStatusLists")]
public class AOrderStatusList
{
    [Key]
    [Display(Name = "订单状态编号")]
    [RegularExpression("^[A-Z]{1}$", ErrorMessage = "{0}是一位大写英文字
母...")]
    [Remote("CodeValidate","AOrderStatusLists", ErrorMessage = "此{0}已经存
在...")]
    public string OrderStatusCode { get;set; } = "A";//B、C、D、E
    [Display(Name = "订单状态名称")]
    [StringLength(100,ErrorMessage = "{0}的长度不能超过{1}...")]
    public string OrderStatusName { get;set; } = "未付款";//A-未付款;B-已付款;C
-未检测;D-已检测;E-已取消
    [Display(Name = "备注说明")]
    [StringLength(200,ErrorMessage ="{0}的长度不能超过{1}...")]
    public string Remark { get;set; }
    // **************************************************
    [Display(Name = "相关订单")]
    public virtual ICollection<AOrderList> AOrderLists { get;set; }
}
#endregion 订单状态记录模型结束
```

用户订单状态对象与用户订单是一对多关系，通过属性定义

```
public virtual ICollection<AOrderList> AOrderLists { get;set; }
```

进行关联。

4.2.5 "宣传视频"实体模型定义

"宣传视频"实体模型记录系统有关的视频文件信息，相应的视频文件存储于目录"wwwroot/videofiles"，其类名为"AVideoList"，在数据库中对应的存储表为"AVideoLists"，其具体内容如下：

```
// **************************************************
#region 宣传视频记录模型
[DisplayName("宣传视频")]
```

```
[Table("AVideoLists")]
public class AVideoList
{
    [Key]
    [Display(Name = "视频编号")]
    [Remote("CodeValidate","AVideoLists",ErrorMessage ="此{0}已经存在...")]
    [StringLength(20,ErrorMessage = "{0}的长度不能超过{1}...")]
    [Required(ErrorMessage ="{0}的内容必须输入...")]
    public string VideoCode { get;set;}
    [Display(Name = "视频名称")]
    [StringLength(100,ErrorMessage = "{0}的长度不能超过{1}...")]
    public string VideoName { get;set;} = "视频名称";
    [Display(Name = "内容简介")]
    [DataType(DataType.MultilineText)]
    public string VideoIntroduce { get;set;} = "内容简介";
    [Display(Name = "建立日期")]
    [DataType(DataType.DateTime)]
    [DisplayFormat(DataFormatString = "{0:yyyy-MM-dd}",ApplyFormatInEditMode
= true)]
    public DateTime CreateDate { get;set;} = DateTime.Today;
    [Display(Name = "图片文件名称")]
    [StringLength(100,ErrorMessage = "{0}长度不能超过{1}...")]
    public string ImageFileName { get;set;} = "检测业务";
    [Display(Name = "备注说明")]
    [StringLength(100,ErrorMessage ="{0}长度不能超过{1}...")]
    public string Remark { get;set;} = "备注说明";
    // *******************************************
    [Display(Name = "视频类别")]
    public string VClassCode { get;set;} = "检测业务";
    // *******************************************
    public virtual AVideoClassList AVideoClassList { get;set;}
}
#endregion 宣传视频记录模型结束
```

外键"VClassCode"来自视频类别实体，建立从视频类别对象到宣传视频对象之间一对多关系。

4.2.6 "视频类别" 实体模型定义

"视频类别"实体模型记录宣传视频的类别信息，为宣传视频实体的辅助实体对象，其类名为"AVideoClassList"，在数据库中对应的存储表为"AVideo-ClassLists"，其具体内容如下：

```
// ***************************************
    #region 视频类别记录模型
    [DisplayName("视频类别")]
    [Table("AVideoClassLists")]
    public class AVideoClassList
    {
        [Key]
        [Display(Name = "视频类别编号")]
        [Remote("CodeValidate","AVideoClassLists",ErrorMessage ="此{0}已经存
在...")]
        [RegularExpression("^[A-Z]{1}$",ErrorMessage ="注意:{0}的内容只能输入
一位大写字母...")]
        [Required(ErrorMessage ="[{0}]内容不能为空...")]
        public string VClassCode { get;set;}
        [Display(Name = "视频类别名称")]
        [StringLength(20,ErrorMessage = "{0}的长度不能超过{1}...")]
        public string VClassName { get;set;} = "视频类别名称";
        [Display(Name = "备注说明")]
        [StringLength(200,ErrorMessage ="{0}的长度不能超过{1}...")]
        public string Remark { get;set;} = "备注说明";
        // ***********************************************
        public virtual ICollection<AVideoList> AVideoLists { get;set;}
    }
    #endregion 视频类别记录模型结束
```

视频类别对象和宣传视频对象之间是一对多关系。

4.3 单位管理实体模型定义

单位管理是系统中重要的功能，检测单位是实现检测任务（客户订单）实体组织，是本平台的合作机构。主要的模型对象有"检测单位""单位类型"

"单位状态""单位资质材料""订单检测报告",另外专设"地区目录"实体对象。这些实体模型定义存储于类文件"LModels. cs"中。

4.3.1 检测单位实体模型定义

检测单位实体模型记录在平台注册的合作检测机构信息,其类名为"LUnitList",在数据库中对应的存储表为"LUnitLists",其具体内容如下:

```
// ***************************************************
#region 检测单位记录模型
[ DisplayName("检测单位") ]
[ Table("LUnitLists") ]
public class LUnitList
{
        [ Key ]
        [ Display( Name = "单位编号") ]
        [ StringLength( 10, MinimumLength = 2, ErrorMessage = "{0}的长度在{2}和{1}
之间 ...") ]
        [ Remote("CodeValidate","LUnitLists",ErrorMessage = "此{0}已经存在 ...") ]
        [ Required( ErrorMessage ="{0}内容必须 ...") ]
        public string UnitCode { get;set; }
        [ Display( Name = "单位名称") ]
        [ StringLength( 200,MinimumLength = 0,ErrorMessage = "{0}的长度在{2}和{1}
之间 ...") ]

        public string UnitName { get;set; }
        [ Display( Name = "名称简称",Description = "名称简称") ]
        [ StringLength( 20,MinimumLength = 0,ErrorMessage = "{0}的长度在{2}和{1}
之间 ...") ]

        public string ShortName { get;set; }
        [ Display( Name = "注册日期") ]
        [ DataType( DataType. Date) ]
        [ DisplayFormat( DataFormatString = "{0:yyyy-MM-dd}",ApplyFormatInEditMode
= true) ]
        public DateTime RegisterDate { get;set; } = DateTime. Today;
        [ Display( Name = "单位税号") ]
        [ StringLength( 50,MinimumLength = 0,ErrorMessage = "{0}的长度在{2}和{1}
之间 ...") ]

        public string IdentyCode { get;set; }
        [ Display( Name = "登录密码") ]
```

```
                [StringLength(10,MinimumLength = 0,ErrorMessage = "{0}的长度在{2}和{1}
之间...")]
                [DataType(DataType. Password)]
                public string Password { get;set;}
                [Display(Name = "联系地址")]
                [StringLength(200,MinimumLength = 0,ErrorMessage = "{0}的长度在{2}和{1}
之间...")]
                public string HandAddress { get;set;}
                [Display(Name = "联系人")]
                [StringLength(20,MinimumLength = 0,ErrorMessage = "{0}的长度在{2}和{1}
之间...")]
                public string HandMan { get;set;}
                [Display(Name = "联系电话")]
                [StringLength(50,MinimumLength = 0,ErrorMessage = "{0}的长度在{2}和{1}
之间...")]
                public string HandPhone { get;set;}
                [Display(Name = "邮政编码")]
                [StringLength(10,MinimumLength = 0,ErrorMessage = "{0}的长度在{2}和{1}
之间...")]
                public string PostCode { get;set;}
                [Display(Name = "网站地址")]
                [StringLength(50,MinimumLength = 0,ErrorMessage = "{0}的长度在{2}和{1}
之间...")]
                [DataType(DataType. Url)]
                public string HttpAddress { get;set;}
                [Display(Name = "电子邮件地址")]
                [StringLength(50,MinimumLength = 0,ErrorMessage = "{0}的长度在{2}和{1}
之间...")]
                [DataType(DataType. EmailAddress)]
                public string EmailAddress { get;set;}
                [Display(Name = "业务开始日期")]
                [DataType(DataType. Date)]
                [DisplayFormat(DataFormatString = "{0:yyyy-MM-dd}",ApplyFormatInEditMode
= true)]
                public DateTime BeginDate { get;set;} = DateTime. Today;
                [Display(Name = "业务结束日期")]
                [DataType(DataType. Date)]
```

```csharp
        [DisplayFormat(DataFormatString = "{0:yyyy-MM-dd}", ApplyFormatInEditMode
= true)]
        [DefaultValue(true)]
        public DateTime EndDate { get;set; } = DateTime. Today;
        [Display(Name = "积分")]
        [DisplayFormat(DataFormatString = "{0:N0}", ApplyFormatInEditMode = true)]
        [DefaultValue(0)]
        public int UnitPoint { get;set; }
        [Display(Name = "代表图片文件名")]
        [StringLength(50, MinimumLength = 0, ErrorMessage = "{0}的长度在{2}和{1}
之间...")]
        public string ImageFileName { get;set; }
        [Display(Name = "单位简介")]
        [DataType(DataType. Text)]
        public string AboutUnit { get;set; }
        [Display(Name = "备注说明")]
        [StringLength(100, MinimumLength = 0, ErrorMessage = "{0}的长度不能超过
{1}...")]
        public string Remark { get;set; }
        // *****************************************
        [Display(Name = "单位类型")]
        public string UnitTypeCode { get;set; }
        [Display(Name = "所在地区")]
        public string DistrictCode { get;set; }
        [Display(Name = "单位状态")]
        public string UnitStatusCode { get;set; }
        // **********************************************
        [Display(Name = "单位类别详细内容")]
        public virtual LUnitTypeList LUnitTypeList { get;set; }
        [Display(Name = "单位状态详细内容")]
        public virtual LUnitStatusList LUnitStatusList { get;set; }
        [Display(Name = "所在地区详细内容")]
        public virtual LDistrictList LDistrictList { get;set; }
        // **********************************************
        [Display(Name = "完成的订单")]
        public virtual ICollection<AOrderList> AOrderLists { get;set; }

        [Display(Name = "登录记录")]
```

```
public virtual ICollection<LUnitLoginList> LUnitLoginLists { get;set;}
[Display(Name = "资质材料记录")]
public virtual ICollection<LUnitIdentyList> LUnitIdentyLists { get;set;}
[Display(Name = "单位检测报告记录")]
public virtual ICollection<LTestReportList> LTestReportLists { get;set;}
}
#endregion 检测单位记录模型结束
```

其中外键有"UnitTypeCode""DistrictCode""UnitStatusCode",分别对应实体对象"单位类型""区域""单位状态"对象模型。

4.3.2 单位类型实体模型定义

单位类型实体模型记录检测单位类别信息,其类名为"LUnitTypeList",在数据库中对应的存储表为"LUnitTypeLists",其具体内容如下:

```
// **************************************************
#region 单位类型记录模型
[DisplayName("单位类型")]
[Table("LUnitTypeLists")]
public class LUnitTypeList
{
    [Key]
    [Display(Name = "单位类型编号")]
    [StringLength(1,ErrorMessage = "{0}的长度不能超过{1}...")]
    [Remote("CodeValidate","LUnitTypeLists",ErrorMessage = "此{0}已经存
在...")]
    [RegularExpression("^[A-Z]{1}$",ErrorMessage = "{0}的内容是一位大写英
文字母...")]
    public string UnitTypeCode { get;set;}
    [Display(Name = "单位类型名称")]
    [StringLength(20,ErrorMessage = "{0}的长度不能超过{1}...")]
    public string UnitTypeName { get;set;}
    [Display(Name = "备注说明")]
    [StringLength(100,ErrorMessage = "{0}的长度不能超过{1}...")]
    public string Remark { get;set;}
    // **************************************************
```

```
            [Display(Name = "相关的单位")]
            public virtual ICollection<LUnitList> LUnitLists { get;set; }
        }
    #endregion 单位类型记录模型结束
```

这里通过集合定义

```
public virtual ICollection<LUnitList> LUnitLists { get;set; }
```

实现与"检测单位"实体对象的一对多关联。

4.3.3　单位状态实体模型定义

单位状态实体模型记录检测单位的存在或经营状态信息，其模型名称为"LUnitStatusList"，在数据库中对应的存储表为"LUnitStatusLists"，其具体内容如下：

```
    // *************************************************
        #region 单位状态记录模型
    [DisplayName("单位状态")]
    [Table("LUnitStatusLists")]
    public class LUnitStatusList
    {
        [Key]
        [Display(Name = "单位状态编号")]
        [StringLength(1,ErrorMessage = "{0}的长度不能超过{1}...")]
        [RegularExpression("^[A-Z]{1}$",ErrorMessage = "{0}的内容是一位大写英
文字母...")]
        [Remote("CodeValidate","LUnitStatusLists",ErrorMessage = "此{0}已经存
在...")]
        public string UnitStatusCode { get;set; }
        [Display(Name = "订单状态名称")]
        [StringLength(20,ErrorMessage = "{0}的长度不能超过{1}...")]
        public string UnitStatusName { get;set; }
        [Display(Name = "备注说明")]
        [StringLength(100,ErrorMessage = "{0}的长度不能超过{1}...")]
        public string Remark { get;set; }
        // ***********************************
```

```
        〔Display( Name = "相关的单位")〕
        public virtual ICollection<LUnitList> LUnitLists ｛ get;set;｝
｝
#endregion 单位状态记录模型结束
```

这里通过集合定义

```
public virtual ICollection<LUnitList> LUnitLists ｛ get;set;｝
```

实现与"检测单位"实体对象的一对多关联。

4.3.4   单位资质材料记录实体模型定义

单位资质材料实体模型为检测单位通过平台资质认证提供相关材料并记录在案，其类名为"LUnitIdentyList"，在数据库中对应的存储表为"LUnitIdentyLists"，其具体内容如下：

```
// ****************************************************
#region 单位资质材料记录模型
〔DisplayName("单位资质材料")〕
〔Table("LUnitIdentyLists")〕
public class LUnitIdentyList
｛
    〔Key〕
    〔Display( Name = "记录号")〕
    〔DatabaseGenerated( DatabaseGeneratedOption. Identity)〕
    public long UnitIdentyId ｛ get;set;｝
    〔Display( Name = "证件名称")〕
    〔StringLength(100,ErrorMessage = "｛0｝的长度不能超过｛1｝...")〕
    public string IdentyName ｛ get;set;｝ = "";
    〔Display( Name = "证件编号")〕
    public string IdentyCode ｛ get;set;｝ = "";
    〔Display( Name = "发证机构")〕
    〔StringLength(100,ErrorMessage = "｛0｝的长度不能超过｛1｝...")〕
    public string fromUnit ｛ get;set;｝ = "";
    〔Display( Name = "起始日期")〕
    〔DataType( DataType. Date)〕
```

```
                [DisplayFormat(DataFormatString = "{0:yyyy-MM-dd}", ApplyFormatInEditMode
= true)]
                public DateTime BeginDate { get;set;} = DateTime.Today;
                [Display(Name = "结束日期")]
                [DataType(DataType.Date)]
                [DisplayFormat(DataFormatString = "{0:yyyy-MM-dd}", ApplyFormatInEditMode
= true)]
                public DateTime EndDate { get;set;} = DateTime.Today;
                [NotMapped]
                [Display(Name = "有效期限")]
                public string ValidationTerm { get
                    {
                        int ys = EndDate.Year - BeginDate.Year;
                        if (EndDate.Month < BeginDate.Month || (EndDate.Month == Begin-
Date.Month && EndDate.Day < BeginDate.Day)) ys--;
                        return ys.ToString()+"年";
                    }
                }
                [Display(Name = "原件图片文件名称")]
                public string ImageFileName { get;set;} = "";
                [Display(Name = "单位编号")]
                [Required()]
                public string UnitCode { get;set;}
                //**************************************************
                [Display(Name = "单位详细信息")]
                public virtual LUnitList LUnitList { get;set;}
            }
        #endregion 单位资质材料记录模型结束
```

单位资质材料对象和检测单位是多对一关系。

4.3.5 订单检测报告记录实体模型定义

订单检测报告实体模型记录检测单位完成检测任务后所提交的有关结论性质的检测报告，及时上传平台，供用户参考，其类名为"BDaySetup"，在数据库中对应的存储表为"BDaySetups"，其具体内容如下：

```
    //**************************************************
```

```
#region 订单检测报告录记录模型
[DisplayName("订单检测报告")]
[Table("LTestReportLists")]
public class LTestReportList
{
    [Key]
    [Display(Name = "记录号")]
    [DatabaseGenerated(DatabaseGeneratedOption.Identity)]
    public long TestReportId { get;set;}
    [Display(Name = "单位编号")]
    public string UnitCode { get;set;} = "";
    [Display(Name = "订单编号")]
    public string OrderCode { get;set;} = "";
    [Display(Name = "检测结果")]
    [DataType(DataType.Text)]
    public string ResultValue { get;set;} = "";
    [Display(Name = "检测日期")]
    [DataType(DataType.Date)]
    [DisplayFormat(DataFormatString = "{0:yyyy-MM-dd}", ApplyFormatInEditMode
 = true)]
    public DateTime TestDate { get;set;} = DateTime.Today;
    // **************************************************
    [Display(Name = "单位详细信息")]
    public virtual LUnitList LUnitList { get;set;}
    [Display(Name = "订单详细信息")]
    public virtual AOrderList AOrderList { get;set;}
}
#endregion 订单检测报告记录模型结束
```

订单检测报告实体和产品订单、检测单位是多对一关系。

4.4　系统管理实体模型定义

系统管理模块包括用户管理、运行管理等实体模型，具体对象有：

（1）KUserList，系统用户记录模型。

（2）KAccessList，系统访问记录模型。

（3）KUserAddressList，用户发货地址记录模型。

（4）KGroupList，系统角色记录模型。

（5）KFunList，系统功能记录模型。

（6）KGroupFun，角色功能记录模型。

（7）KUserLoginList，用户登录日志记录模型。

系统管理实体模型定义存储于类文件"KModels. cs"中。

4.4.1 系统用户实体模型定义

系统用户实体模型为本系统的所有用户情况信息提供数据管理记录，其类名为"KUserList"，在数据库中对应的存储表对象为"KUserLists"，其具体内容如下：

```
// ***********************************************
#region 系统用户记录模型
[ DisplayName("系统用户") ]
[ Table("KUserLists") ]
public class KUserList
{
    [ Key ]
    [ Display( Name ="用户标识") ]
    [ Required( ErrorMessage = "{0} 的内容不能为空...") ]
    [ StringLength( 20, MinimumLength =3, ErrorMessage ="{0} 的长度在{2}和{1}之间...") ]

    public string UserId { get;set; } = "";
    [ Display( Name = "用户名称") ]
    [ Required( ErrorMessage = "{0} 的内容不能为空...") ]
    [ StringLength( 20, MinimumLength = 0, ErrorMessage = "{0} 的长度在{2}和{1}之间...") ]

    public string UserName { get;set; } = "";
    [ Display( Name = "用户角色") ]
    public string GroupId { get;set; } = "C";
    [ Display( Name = "用户密码") ]
    [ DataType( DataType. Password) ]
    [ StringLength( 10, MinimumLength = 3, ErrorMessage = "{0} 的长度在{2}和{1}之间...") ]

    public string Password { get;set; } = "";
    // ***********************************************
    [ Display( Name = "性别") ]
```

```
            public string Sexuality { get;set; } = "男";
            [Display( Name = "出生日期") ]
            [DataType( DataType. Date) ]
            [DisplayFormat( DataFormatString = "{0:yyyy-MM-dd}", ApplyFormatInEditMode
= true) ]
            public Nullable<DateTime> Birthday { get;set; } = DateTime. Today. AddYears( -
20) ;
            [Display( Name = "手机电话") ]
            [DataType( DataType. PhoneNumber) ]
            [StringLength( 50, MinimumLength = 0, ErrorMessage = "{0} 的长度不能超过
{1} ...") ]
            public string HandPhone { get;set; } = "";
            [Display( Name = "通讯地址") ]
            [StringLength( 100, MinimumLength = 0, ErrorMessage = "{0} 的长度不能超过
{1} ...") ]
            public string HandAddress { get;set; } = "";
            [Display( Name = "邮政编码") ]
            [DataType( DataType. PostalCode) ]
            [StringLength( 6, MinimumLength = 6, ErrorMessage = "{0} 的长度不能超过
{1} ...") ]
            public string PostCode { get;set; } = "";
            [Display( Name = "邮件地址") ]
            [DataType( DataType. EmailAddress) ]
            [StringLength( 50, MinimumLength = 0, ErrorMessage = "{0} 的长度不能超过
{1} ...") ]
            public string EmailAddress { get;set; } = "";
            [Display( Name = "QQ 号码") ]
            [RegularExpression( "^[0-9]{4,10} $", ErrorMessage ="必须输入数字,长度在 4
和 10 之间 ...") ]
            [StringLength( 10, MinimumLength = 4, ErrorMessage = "{0} 的长度不能超过
{1} ...") ]
            public string QQCode { get;set; } = "";
            [Display( Name = "微信号码") ]
            [StringLength( 50, MinimumLength = 0, ErrorMessage = "{0} 的长度不能超过
{1} ...") ]
            public string TinyCode { get;set; } = "";
            [Display( Name = "活动积分") ]
            [ReadOnly( true) ]
            public int ActionPoint { get;set; } = 10;
```

```csharp
[Display(Name = "注册日期")]
[DataType(DataType.Date)]
[DisplayFormat(DataFormatString = "{0:yyyy-MM-dd}", ApplyFormatInEditMode = true)]
[ReadOnly(true)]
public Nullable<DateTime> RegisterDate { get;set;} = DateTime.Today;
[Display(Name = "身份证号码")]
[RegularExpression(@"^(\d{15}$|^\d{18}$|^\d{17}(\d|X|x))$",
ErrorMessage = "身份证号不合法")]
public string IdCardNumber { get;set;}
[Display(Name = "图片文件名称")]
[ReadOnly(true)]
public string ImageFileName { get;set;}
[Display(Name = "备注说明")]
[StringLength(100,ErrorMessage = "{0}的长度不能超过{1}...")]
public string Remark { get;set;} = "";
// *********************************************
[Display(Name = "角色详情")]
public virtual KGroupList KGroupList { get;set;}
// *********************************************
[Display(Name = "相关项目")]
public virtual ICollection<AProjectList> AProjectLists { get;set;}
[Display(Name = "相关订单")]
public virtual ICollection<AOrderList> AOrderLists { get;set;}
[Display(Name = "相关地址")]
public virtual ICollection<KUserAddressList> KUserAddressLists { get;set;}
[Display(Name = "参加活动记录")]
public virtual ICollection<BActionUserList> BActionUserLists { get;set;}
[Display(Name = "用户回复记录")]
public ICollection<CNewsReplyList> CNewsReplyLists { get;set;}
[Display(Name = "登录记录")]
public virtual ICollection<KUserLoginList> KUserLoginLists { get;set;}
[Display(Name = "用户评价记录")]
public virtual ICollection<AValuationList> AValuationLists { get;set;}
[Display(Name = "用户需求记录")]
public virtual ICollection<BNeedList> BNeedLists { get;set;}
[Display(Name = "需求回复记录")]
public virtual ICollection<BNeedReplyList> BNeedReplyLists { get;set;}
```

```
        |
    #endregion 系统用户记录模型结束
```

其中关联对象有"系统角色""用户评价""客户订单"等对象。

4.4.2　系统访问记录实体模型定义

系统访问记录实体模型是为系统管理访问者的相关机器信息提供的实体模型，其类名为"KAccessList"，在数据库对应的存储表对象为 KAccessLists。其具体内容如下：

```
//****************************************************
    #region 系统访问记录模型
    [DisplayName("系统访问")]
    [Table("KAccessLists")]
    public class KAccessList
    {
        [Key]
        [Display(Name = "记录号")]
        [DatabaseGenerated(DatabaseGeneratedOption.Identity)]
        public long AccessId { get;set; }
        [Display(Name = "访问时间")]
        [DataType(DataType.Date)]
        [DisplayFormat(DataFormatString = "{0:yyyy-MM-dd hh:mm:ss}", ApplyForma-
tInEditMode = true)]
        public DateTime AccessDate { get;set; } = DateTime.Now;
        [Display(Name = "主机名称")]
        public string HostName { get;set; } = "";
        [Display(Name = "主机 IP 地址")]
        public string HostIp { get;set; } = "";
    }
    #endregion 系统访问记录模型结束
```

4.4.3　用户地址记录实体模型定义

用户坡地实体模型为系统管理用户订单地址信息提供的数据管理记录，其类名为"KUserAddressList"，在数据库中对应的存储表对象为"KuserAddressLists"，

其具体内容如下:

```
// *********************************************
    #region 用户地址记录模型
    [DisplayName("用户地址")]
    [Table("KUserAddressLists")]
    public class KUserAddressList
    {
        [Key]
        [Display(Name = "记录号")]
        [DatabaseGenerated(DatabaseGeneratedOption.Identity)]
        public Int64 AddressId { get;set; }
        [Display(Name = "详细地址")]
        [StringLength(250,ErrorMessage = "{0}的长度不能超过{1}汉字或2*{1}个字
符...")]
        public string AddressName { get;set; } = "";
        [Display(Name = "邮政编码")]
        [RegularExpression("^[0-9]{6}$",ErrorMessage = "{0}的内容必须是6位数
字...")]
        public string PostalCode { get;set; }
        [Display(Name = "联系电话")]
        [StringLength(50,ErrorMessage = "{0}的长度不能超过{1}...")]
        [RegularExpression("^[0-9]{11,50}$",ErrorMessage = "{0}的内容必须是11
位及以上的数字...")]
        public string ContactPhone { get;set; } = "";
        [Display(Name = "联系人")]
        [StringLength(20,ErrorMessage = "{0}的长度不能超过{1}个汉字...")]
        public string ContactMan { get;set; } = "";
        // *********************************************
        [Display(Name = "所属用户")]
        public string UserId { get;set; } = "";
        // *********************************************
        [Display(Name = "用户详情")]
        public virtual KUserList KUserList { get;set; }
    }
    #endregion 用户地址记录模型结束
```

其关联的实体模型对象是系统用户。

4.4.4 系统角色实体模型定义

系统角色实体模型为本系统的角色情况信息提供数据管理记录，以实现功能分组管理功能。其类名为"KGroupList"，在数据库中对应的存储表对象为"KGroupLists"，其具体内容如下：

```
// ************************************************
#region 系统角色记录模型
[DisplayName("系统角色")]
[Table("KGroupLists")]
public class KGroupList
{
    [Key]
    [Display(Name = "角色标识")]
    [RegularExpression("^[A-Z]{1}$", ErrorMessage = "注意:只能输入一位大写
英文字母...")]
    [Remote("CodeValidate","KGroupLists", ErrorMessage = "此用户角色已经存在
...")]
    public string GroupId { get;set; } = "C";//A-系统管理;B-后台管理;C-普通全
员;D-高级会员;;E-检测机构;F-专家顾问;
    [Display(Name = "角色名称")]
    [StringLength(20, ErrorMessage = "{0}的内容长度不能超过{1}个汉字...")]
    public string GroupName { get;set; } = "普通全员";
    [Display(Name = "备注说明")]
    [StringLength(200, ErrorMessage="{0}的内容长度不能超过{1}个汉字...")]
    public string Remark { get;set; } = "";
    // ************************************************
    [Display(Name = "用户记录")]
    public virtual ICollection<KUserList> KUserLists { get;set; }
    [Display(Name = "角色分配")]
    public virtual ICollection<KGroupFunList> KGroupFunLists { get;set; }
    [Display(Name = "登录记录")]
    public virtual ICollection<KUserLoginList> KUserLoginLists { get;set; }
}
#endregion 系统角色记录模型结束
```

系统角色实体和系统用户对象存在多对一关联关系。

4.4.5 系统功能实体模型定义

系统功能实体模型为本系统的所有实现功能情况信息提供数据管理记录，其类名为"KFunList"，在数据库中对应的存储表对象为"KFunLists"，其具体内容如下：

```
#region KFunList：系统功能记录模型
public class KFunList
{
    public KFunList( )
    {
        this. KGroupFuns = new HashSet<KGroupFun>( );
    }
    [Key]
    [Display(Name = "功能编号")]
    [Required]
    [StringLength(4)]
    [Remote("CodeValidate","KFunList",ErrorMessage = "此编号已存在!")]
    public string funcode { get;set;}
    [Display(Name = "功能名称")]
    [Required( )]
    [StringLength(50)]
    public string funname { get;set;}
    [Display(Name = "方法名称")]
    [StringLength(50)]
    public string actionname { get;set;}
    [Display(Name = "控制器名")]
    [StringLength(50)]
    public string controllername { get;set;}
    [Display(Name = "网页名称")]
    [StringLength(50)]
    public string aspxpage { get;set;}
    [Display(Name = "XAML 名称")]
    [StringLength(50)]
    public string xamlpage { get;set;}
    [Display(Name = "功能选择")]
```

```
        public Nullable<bool> yesno { get;set;}
        [Display( Name = "备注说明")]
        [StringLength( 100)]
        public string remark { get;set;}
        public virtual ICollection<KGroupFun> KGroupFuns { get;set;}
    }
#endregion 5. KFunList:系统功能记录模型结束
```

4.4.6 角色功能实体模型定义

角色功能实体模型为本系统的角色所拥有的功能情况信息提供数据管理记录，其数据来自"系统角色"和"系统功能"模型，其类名为"KGroupFun"，在数据库中对应的存储表对象为"KGroupFuns"，其具体内容如下：

```
#region 6. KGroupFun:角色功能
    public class KGroupFun
    {
        [Key]
        [Display( Name = "标识号")]
        public int id { get;set;}
        [Display( Name = "角色编号")]
        public string groupid { get;set;}
        [Display( Name = "功能编号")]
        public string funcode { get;set;}
        public virtual KGroupList KGroupList { get;set;}
        public virtual KFunList KFunList { get;set;}
    }
#endregion 6. KGroupFun:角色功能结束
```

"系统角色"和"系统功能"和此对象是一对多关系。

4.4.7 用户登录日志实体模型定义

用户登录日志实体模型为本系统的所有用户登录系统并完成操作情况信息提供数据管理记录，其类名为"KLoginList"，在数据库中对应的存储表对象为"KLoginLists"，其具体内容如下：

```
#region 7. KLoginList:用户登录日志记录模型
public class KLoginList
{
    [Key]
    [Display(Name = "序号")]
    public int loginid { get;set;}
    [Display(Name = "用户标识")]
    [StringLength(20)]
    public string userid { get;set;}
    [Display(Name = "系统角色")]
    [StringLength(20)]
    public string event1 { get;set;}
    [Display(Name = "行为类型")]
    [StringLength(20)]
    public string actiontype { get;set;}
    [Display(Name = "登录时间")]
    public Nullable<System.DateTime> logintime { get;set;}
    [Display(Name = "注销时间")]
    public Nullable<System.DateTime> logofftime { get;set;}
    [Display(Name = "计算机名称")]
    public string hostname { get;set;}
    [Display(Name = "IP 地址")]
    public string   hostip { get;set;}
}
#endregion 7. KLoginList:用户登录日志记录模型结束
```

注：其余实体模型定义请扫描本章二维码获取。

4.5　实体模型与数据库关联

　　实体模型只是数据记录结构定义，实际并不持久保存数据，利用模型处理数据时，需要从数据库中读出相应的数据或数据集合，因此实体数据模型需要和数据库建立联系，以完成数据的读取和存储等交互任务。在 EF 框架中，数据模型和数据库的关联是通过一个继承"DbContext"类的上下文实现，并以此定义模型集。

4.5.1 模型与 DbContext 类

模型定义之后，需要定义一个数据库上下文类，通过继承 DbContext 类（数据库上下文类）建立模型与数据库表对象之间的集合关系，通过数据库连接字符串，实现与数据库关联，具体任务是：

（1）每一个实体模型对应一个数据集合（DbSet）。

（2）通过数据库连接字符串实现与数据库的关联，连接字符可写在配置文件中。

实体模型、数据库、DbContext 类文件、配置文件之间的关系如图 4-1 所示。

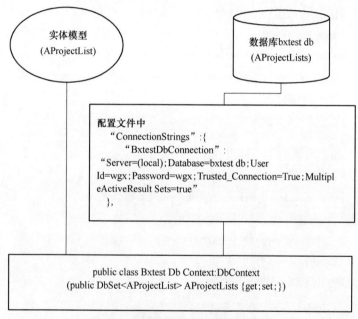

图 4-1　模型与 DbContext 类的关系

图 4-1 中"AProjectList"是实体模型名称；"BxtestDbContext"继承类 DbContext 的上下文类；"bxtestdb"是数据库名称；"AppSettings"是项目配置文件。

4.5.2 BxtestDbContext. cs 类文件

BxtestDbContext. cs 类文件是实现数据库与实体模型之间的关联，其中定义了项目中所有实体模型对应的数据记录集合，其内容如下：

```
using Microsoft. EntityFrameworkCore;
namespace bxtest. Models
```

```
    {
    public class BxtestDbContext : DbContext
    {
        public BxtestDbContext ( DbContextOptions < BxtestDbContext > options ) : base ( options )
        {
        }
        protected override void OnModelCreating ( ModelBuilder modelBuilder )
        {
            base. OnModelCreating ( modelBuilder ) ;
        }
        public DbSet<bxtest. Models. AProjectClassList> AProjectClassLists { get; set; }
        public DbSet<bxtest. Models. AProjectList> AProjectLists { get; set; }
        public DbSet<bxtest. Models. AVideoList> AVideoLists { get; set; }
        public DbSet<bxtest. Models. AVideoClassList> AVideoClassLists { get; set; }
        public DbSet<bxtest. Models. AValuationList> AValuationList { get; set; }
        public DbSet<bxtest. Models. AOrderStatusList> AOrderStatusList { get; set; }
        public DbSet<bxtest. Models. AOrderList> AOrderList { get; set; }
        public DbSet<bxtest. Models. AlipayResultList> AlipayResultList { get; set; }
        // ***********************************************
        public DbSet<bxtest. Models. BActionList> BActionList { get; set; }
        public DbSet<bxtest. Models. BActionUserList> BActionUserList { get; set; }
// **************************************************************
        public DbSet<bxtest. Models. CNewsList> CNewsList { get; set; }
        public DbSet<bxtest. Models. CSiteItemList> CSiteItemList { get; set; }
        public DbSet<bxtest. Models. CNewsReplyList> CNewsReplyList { get; set; }
        public DbSet<bxtest. Models. CAreaList> CAreaLists { get; set; }
// ************************************************************
        public DbSet<bxtest. Models. KUserList> KUserLists { get; set; }
        public DbSet<bxtest. Models. KGroupList> KGroupLists { get; set; }
        public DbSet<bxtest. Models. KFunList> KFunList { get; set; }
        public DbSet<bxtest. Models. KAccessList> KAccessList { get; set; }
        public DbSet<bxtest. Models. KUserLoginList> KUserLoginList { get; set; }
        public DbSet<bxtest. Models. KUserAddressList> KUserAddressList { get; set; }
// *****************************************************
        public DbSet<bxtest. Models. LDistrictList> LDistrictLists { get; set; }
        public DbSet<bxtest. Models. LUnitTypeList> LUnitTypeLists { get; set; }
        public DbSet<bxtest. Models. LUnitStatusList> LUnitStatusLists { get; set; }
        public DbSet<bxtest. Models. LUnitList> LUnitLists { get; set; }
```

```
public DbSet<bxtest. Models. LUnitIdentyList> LUnitIdentyList { get;set; }
public DbSet<bxtest. Models. LUnitLoginList> LUnitLoginList { get;set; }
public DbSet<bxtest. Models. LTestReportList> LTestReportList { get;set; }
public DbSet<bxtest. Models. BNeedList> BNeedList { get;set; }
public DbSet<bxtest. Models. BNeedReplyList> BNeedReplyList { get;set; } }
```

本例中，数据库连接是通过在启动类 Startup. cs 中的构造函数中增加配置列表，在 ConfigureServices 方法中注入服务实现数据库连接服务。另外也可以在上下文类中通过重写 OnConfiguring 方法，实现数据库连接服务，代码如下所示：

```
protected override void OnConfiguring( DbContextOptionsBuilder optionsBuilder)
{       optionsBuilder. UseSqlServer("Server = ( local) ; Database = bxtestdb; User Id = wgx;
Password = wgx; Trusted_Connection = True; MultipleActiveResultSets = true;") ;
      }
```

对于"DbSet<XXX>XXXs { get; set; }"定义语句，其中"XXXs"就是实体模型"XXX"的数据记录集合，对应于数据库上的表对象"XXXs"。

4.5.3 AppSettings 与 ConnectionStrings

AppSettings 是项目配置文件，其格式为 JSON，定义有关系统运行所需要的环境及其相关参数，其内容如下所示：

```
{
  "ConnectionStrings": {
    "DefaultConnection":"Server = ( local) ; Database = bxtestdb; User Id = wgx; Password = wgx;
Trusted_Connection = True; MultipleActiveResultSets = true",
    "BxtestDbConnection":"Server = ( local) ; Database = bxtestdb; User Id = wgx; Password =
wgx; Trusted_Connection = True; MultipleActiveResultSets = true"
  },
  "Logging": {
  "IncludeScopes":false,
  "LogLevel": {
    "Default":"Debug",
    "System":"Information",
    "Microsoft":"Information"
  }
```

```
        },
        ..............
    "Pager":{
        "ExpandPageItemsForCurrentPage":2,
        "PageItemsForEnding":3,
        "Layout":"Default",
        "IsReversed":false,
        "HideOnSinglePage":true,
        "AdditionalSettings":{
            "my-setting-one":"1"
        },
        "ItemOptions":{
            "Default":{
                "Content":"TextFormat:{0}",
                "Link":"QueryName:pageIndex"
            },
            "Normal":{
                "Content":"TextFormat:{0}",
                "ActiveMode":"Always"
            },
            "Active":{
                "Content":"TextFormat:{0}"
            },
            "Omitted":{
                "Content":"TextFormat:..."
            },
            "FirstPageButton":{
                "Content":"TextFormat:第一页",
                "InactiveBehavior":"Hide"
                    //NotInVisiblePageList,NotInCurrentPage,Always
            },
            "LastPageButton":{
                "Content":"TextFormat:最后页",
                "InactiveBehavior":"Hide"
            },
            "PreviousPageButton":{
                "Content":"TextFormat:上一页",
```

```
        "InactiveBehavior":"Hide"
    },
    "NextPageButton":{
        "Content":"TextFormat:下一页",
        "InactiveBehavior":"Hide"
    },
    "GoToLastPage":{
        "Content":"TextFormat:页码{0}"
    }   }  }}
```

其中数据库连接字符串的内容是：

```
"BxtestDbConnection":"Server = ( local ) ; Database = bxtestdb ; User
Id = wgx ; Password = wgx ; Trusted_Connection = True ; MultipleActiveResultSets = true"
```

"（local）"是指"localhost"，即本地服务器。

本章小结

本章首先介绍了实体框架的基本概念和定义方法，在此基础上选取了项目中部分实体模型，详细说明其定义方法和过程，包括实体模型与数据库通信的方法定义。

5 前台功能设计与实现

扫码获取代码
和数据库

环境检测信息服务平台的功能包括前台和后台管理两个部分。前台功能实现所需要的控制器和视图分别位于项目目录下的"Controllers"和"Views"，后台管理功能实现所需要的控制器和视图位于区域目录"Areas"下相关的子目录中。

本章内容介绍前台功能的设计开发与实现，其主要内容包括：

5.1 前台布局页面的设计与实现

5.2 用户自行管理功能实现

5.3 检测单位自行管理功能实现

5.4 产品项目订购管理功能实现

5.5 其他栏目功能实现

5.1 前台布局页面的设计与实现

布局页面是系统内容展示的一种编排规划，为系统页面统一风格和样式。布局页面是一个结构性的页面，其主要任务是提供对共用文件的引入，并通过"@RenderBody（）"方法确定不同内容的动态页面的渲染位置。有了布局页面，其他页面设计只专注于自己的功能，节省代码和时间。

5.1.1 布局页面内容组成及结构

系统运行后，其首页显示效果如图 5-1 所示。

这是系统首页内容，其中包括 6 个部分：

（1）用户登录注册管理区。

（2）检测单位登录注册管理区。

（3）公司 LOGO、系统名称和相关标识展示区。

（4）栏目导航区包括产品目录、新闻资讯、典型报告、案例精选、专家观点等。

（5）系统主页面内容，即不同页面内容的渲染区在此。

图 5-1 主页显示效果

（6）布局页面页脚内容显示区。

其中，1、2、3、4、6 是系统所有页面共同内容，在布局页面中进行设计。

5.1.2 布局页面代码内容

系统布局页面文件名称是"_Layout. cshtml"，位于项目根目录下的"Views/Shared"目录（共享目录）中。此文件并不是直接运行文件，而是通过位于Views 目录下的"_ViewStart. cshtml"引导文件告诉系统，在调用其他页面时，所使用的默认的布局页面是此，其代码内容如下：

```
@ {
    Layout = "_Layout";
}
```

在 ASP. NET Core MVC 系统中，"_Layout. cshtml"称为布局框架页面，其代码内容如下：

```html
<! DOCTYPE html>
<html>
<head>
<meta charset="utf-8" />
<meta name="viewport" content="width=device-width,initial-scale=1.0" />
<title>@ ViewData["Title"]- 百姓检测</title>
<link rel="stylesheet" href="~/lib/bootstrap/dist/css/bootstrap.css" />
<link rel="stylesheet" href="~/css/site.css" />
<script src="~/lib/jquery/dist/jquery.js"></script>
<script src="~/lib/bootstrap/dist/js/bootstrap.js"></script>
<script src="~/lib/Microsoft.jQuery.Unobtrusive.Ajax/jquery.unobtrusive-ajax.min.js"></script>
<script src="~/js/site.js" asp-append-version="true"></script>
</head>
<body>
<div style="border-bottom:2px solid red;">
<div class="container">
<div class="row text-center">
<div class="col-lg-4 text-left">
            @ await Html.PartialAsync("_UserLoginPartial")
</div>
<div class="col-lg-2 visible-lg">
            @ DateTime.Now
</div>
<div class="col-lg-6 visible-lg">
            @ await Html.PartialAsync("_UnitLoginPartial")
</div>
</div>
</div>
</div>
<div class="container">
<div class="row">
<div class="col-lg-3 text-left">
<img src="~/images/bxjclogo.png" />
</div>
<div class="col-lg-3 visible-lg text-right">
<img src="~/images/Certification01.png" />
</div>
```

```
<div class="col-lg-3 visible-lg text-right">
<img src="~/images/Certification05.png" />
</div>
<div class="col-lg-3 visible-lg text-right">
<img src="~/images/ScanWithText.png" />
</div>
</div>
</div>
<nav class="navbar" id="topmenu">
<div class="container">
<div class="navbar-header">
<button type="button" class="navbar-toggle" data-toggle="collapse" data-target=".navbar-collapse">
<span class="sr-only">Toggle navigation</span>
<span class="icon-bar"></span>
<span class="icon-bar"></span>
<span class="icon-bar"></span>
</button>
</div>
<div class="navbar-collapse collapse">
<ul class="nav navbar-nav text-justify">
                    @await Component.InvokeAsync("IndexMenu")
</ul>
</div>
</div>
</nav>
<div class="container body-content">
        @RenderBody()
</div>
<footer id="main-footer">
<div class="container">
<div class="row">
<div class="col-lg-3">
                    @Context.Session.GetString("userid")
                    @Context.User.Identity.Name
                    @Context.User.Identity.IsAuthenticated
</div>
<div class="col-lg-3">
```

```
<p>
<img src="~/images/IconImages/beforeicon. png" height="30" width="30" class="pull-left"
/>
                          @ bxtest. Properties. Resources. CompanyName
</p>
</div>
<div class="col-lg-3">
<p>&copy;@ DateTime. Today. Year - 百姓检测维护</p>
</div>
<div class="col-lg-3">
</div>
</div>
</div>
</footer>
    @ RenderSection("scripts",required;false)
</body>
</html>
```

5.1.3　代码功能说明

系统布局 "_Layout. cshtml" 是标准的 HTML 格式的文件，在 ASP. NET Core MVC 框架中，选择后台语言为 C#时，所生成的视图（页面）文件的扩展名称都是 ".cshtml"，而不再分为静态和动态的类别，并使用 Razor 视图引擎语法实现后台功能处理。

"_Layout. cshtml" 的功能是实现网站整体布局的统一性，减少 html、head、body 和外部 CSS 和 JS 引用的大量冗余，其组成代码的功能分为 "引入相关的 JS 文件" "引用外部 CSS" "显示标识和系统栏目导航连接" "设置@ RenderBody（ ）" 等部分。

5.1.3.1　引入相关的 JS 文件

在此引入的 JS 文件，可供其他所有的页面共同使用而不必重新二次引入，真正做到了 "一次引入，多处使用" 的作用。引入的具体代码如下：

```
<script src="~/lib/jquery/dist/jquery. js"></script>

<script src="~/lib/bootstrap/dist/js/bootstrap. js"></script>

<script src="~/lib/Microsoft. jQuery. Unobtrusive. Ajax/jquery. unobtrusive-ajax. min. js"></
script>
```

```
<script src="~/js/site. js" asp-append-version="true"></script>
```

这是标准的 HTML 标记语言格式。

5.1.3.2 引用外部 CSS

同理，外部 CSS 文件也在此一次性引入，其代码段内容如下：

```
<link rel="stylesheet" href="~/lib/bootstrap/dist/css/bootstrap. css" />
<link rel="stylesheet" href="~/css/site. css" />
```

所有需要的外部 JS 和 CSS 文件都可以在此一次性引入，多处使用。从此处可以了解项目所需要的所有外部 CSS 和 JS。

5.1.3.3 用户检测单位登录注册及管理实现代码

用户检测单位登录注册及管理是通过分部视图方式实现的，代码如下所示：

```
<div style="border-bottom:2px solid red;">
<div class="container">
<div class="row text-center">
<div class="col-lg-4 text-left">
@ await Html. PartialAsync("_UserLoginPartial")
</div>
<div class="col-lg-2 visible-lg">
                    @ DateTime. Now
</div>
<div class="col-lg-6 visible-lg">
@ await Html. PartialAsync("_UnitLoginPartial")
</div>
</div>
</div>
</div>
```

注意代码中粗体下画线标注行内容。

5.1.3.4 显示标识和栏目导航连接

系统标识显示内容由平台 LOGO、平台二维码、相关资格标识等组成，其实现代码内容如下：

```
<div class="container">
<div class="row">
```

```
<div class="col-lg-3 text-left">
<img src="~/images/bxjclogo.png" />
</div>
<div class="col-lg-3 visible-lg text-right">
<img src="~/images/Certification01.png" />
</div>
<div class="col-lg-3 visible-lg text-right">
<img src="~/images/Certification05.png" />
</div>
<div class="col-lg-3 visible-lg text-right">
<img src="~/images/ScanWithText.png" />
</div>
</div>
</div>
```

栏目导航实现代码如下：

```
<nav class="navbar" id="topmenu">
<div class="container">
<div class="navbar-header">
<button type="button" class="navbar-toggle" data-toggle="collapse" data-target=".navbar-collapse">
<span class="sr-only">Toggle navigation</span>
<span class="icon-bar"></span>
<span class="icon-bar"></span>
<span class="icon-bar"></span>
</button>
</div>
<div class="navbar-collapse collapse">
<ul class="nav navbar-nav text-justify">
@await Component.InvokeAsync("IndexMenu")
</ul>
</div>
</div>
</nav>
```

其中，栏目内容的显示使用了视图组件（View Component）方法实现。

5.1.3.5 脚注信息内容显示实现

相关版本信息、状态信息、时间信息、注册信息等内容在脚注处显示，其实现代码内容如下：

```
<footer id="main-footer">
<div class="container">
<div class="row">
<div class="col-lg-3">
                        @ Context. Session. GetString("userid")
                        @ Context. User. Identity. Name
                        @ Context. User. Identity. IsAuthenticated
</div>
<div class="col-lg-3">
<p>
<img src="~/images/IconImages/beforeicon. png" height="30" width="30" class="pull-left"
/>
                        @ bxtest. Properties. Resources. CompanyName
</p>
</div>
<div class="col-lg-3">
<p>&copy;@ DateTime. Today. Year - 百姓检测维护</p>
</div>
<div class="col-lg-3">预留</div>
</div>
</div>
</footer>
```

其中包括当前在线用户数量和当前日期的显示。

5.1.3.6 设置 @ RenderBody（）

在 ASP. NET CoreMVC 布局页面框架系统中，实现页面内容变化的关键技术是主体渲染技术，其实现占位代码是 "@ RenderBody（）"，即子页面内容显示占位符，直接渲染整个新的 View 到此占位符处并显示。其代码段内容如下：

```
<table id="tb-renderbody" class="table">
<tr>
<td style="text-align:left;font-size:medium;vertical-align:top;">
```

```
@ RenderBody( )
</td>
</tr>
</table>
```

内容少但作用大。在 RAZOR 视图中，除"@ RenderBody（ ）"占位符外，还有以下格式的占位符可用：

（1）@ RenderPage（ ）方法。渲染指定的页面到占位符处。

（2）@ RenderSection 方法。声明一个占位符。

（3）@ section 标记。对@ RenderSection 方法声明的占位符进行实现。

5.1.4 @ RenderBody（ ）方法的实现

"_Layout. cshtml"位于项目目录"~/Views/Shared/"中，是建立项目时系统自动默认建立的目录，在此项目不做更改，直接使用（当然如果需要可以更改为其他名称），其内容如上所述。

在项目目录"~/Views/"中有一个文件，名称为"_ViewStart. cshtml"，同样由系统建立项目时自动建立，其内容如下：

```
@{
    Layout = "~/Views/Shared/_Layout. cshtml";
}
```

告知项目，所使用布局页面是"~/Views/Shared/_Layout. cshtml"，这样在执行某个页面时就会将此页面内容渲染到"@ RenderBody（ ）"所在的位置处。

现以请求"Home/Index"页面为例，说明"@ RenderBody（ ）"方法的实现。

首先发出请求"http：//localhost/Home/Index"；查找控制器"Home"；在控制器"Home"查找方法"Index"；在"Index"方法中有"return View（ ）"命令，返回"Index. cshtml"的内容，并渲染到"@ RenderBody（ ）"所出现的位置处。

因为"@ RenderBody（ ）"在"_Layout. cshtml"中是唯一的，所以不会出现歧义的情况。当然在建立视图对话框中，需要勾选"使用布局页（U）"选项，如图 5-2 所示。

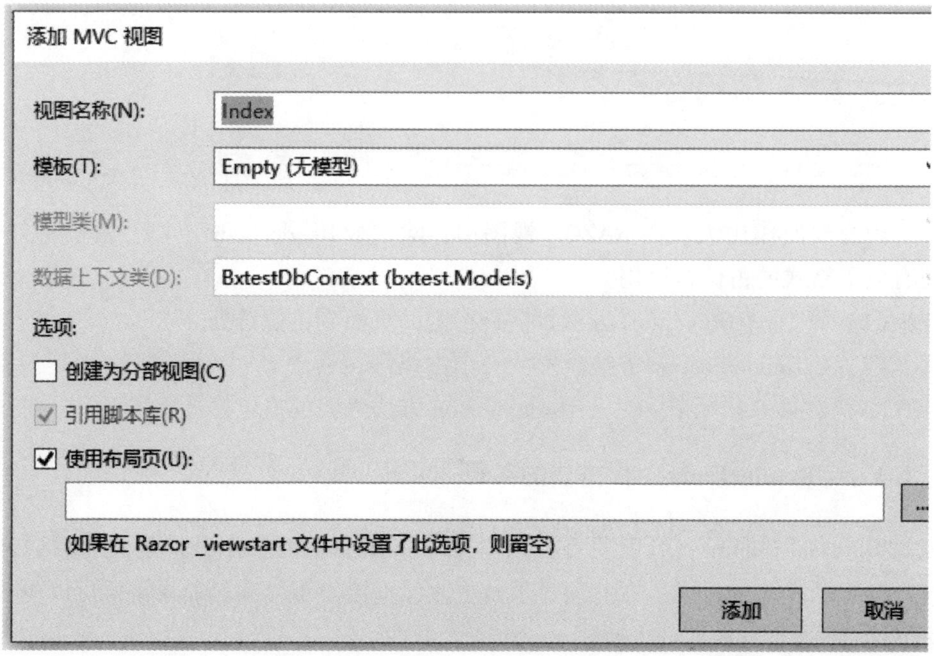

图 5-2 添加视图对话框

这里默认的布局页面就是由"_ViewStart. cshtml"所指定的"_Layout. cshtml"，其被渲染的视图（View）代码内容格式如下所示：

```
@{
    ViewBag. Title = "页面标题";
}
<! —页面内容-->
```

"页面内容"就是根据实际需要所编写的内容，此处，少了<html>、<body>等标记，少了 js 和 css 的引入等。

5. 2 用户自行管理功能实现

用户登录、新用户注册、用户信息修改、用户订单自行处理，可以通过此模块实现。

5. 2. 1 用户登录

用户登录直接输入用户标识和用户密码，通过"登录"调用方法"Home/

UserLogin"实现系统已注册用户的登录功能。登录成功后，显示当前登录用户信息及其他管理功能。用户通过登录，确定用户的角色，并完成用户标识、用户名称等和用户相关的信息记录。用户登录和用户相关管理功能运行界面如图5-3所示。

登录

登录成功后

图5-3　系统用户登录及成功后界面

　　用户登录及管理功能实现的方法名称是"UserLogin"，所在控制器是位于项目根目录下的"Controllers"目录中的"HomeController"类中，其代码内容如下：

```
/// <summary>
/// 系统用户登录
/// </summary>
/// <param name="uid">用户标识</param>
/// <param name="pwd">用户密码</param>
/// <returns>Json：true 或 false</returns>
[ActionName("UserLogin")]
public async Task<IActionResult> UserloginAsync(string uid,string pwd)
{
    var rd = db.KUserLists.SingleOrDefault(k => k.UserId == uid && k.Password ==
pwd);
    if (rd == null)
    {
        return Content("alert(\"用户标识或密码输入错误,登录失败…\")","
application/x-javascript");
    }
    //设置 Session 变量
    var rd1 = await db.KGroupLists.FindAsync(rd.GroupId);
    HttpContext.Session.SetString("userid",rd.UserId);
    HttpContext.Session.SetString("username",rd.UserName);
        HttpContext.Session.SetString("groupid",rd1.GroupId);
```

```
HttpContext. Session. SetString("groupname", rd1. GroupName);
// ********************************************
//写入 LoginList
KUserLoginList kll = new KUserLoginList()
{
    UserId = rd. UserId,
    GroupId = rd1. GroupId,
    HostName = Dns. GetHostName(),
    HostIp = apps. GetIpv4(). Result
};
await db. KUserLoginList. AddAsync(kll);
int rno = await db. SaveChangesAsync();
return Content("alert( \"登录成功 ... \"); history. go(0);", "application/x -
javascript");
    }
```

UserLogin 方法完成以下功能：

（1）提交并接受用户信息，传递给方法变量参数 uid 和 pwd。

（2）根据用户标识和用户密码检索相应的记录，如果不存在，返回登录界面，否则，进行下面的工作。

（3）修改用户登录次数，并存入数据库。

（4）将用户信息存入相应的 Session 变量中。

（5）修改系统登录上下文中的用户信息。

（6）登录信息写入日志。

（7）检索用户单位信息并存入相应的 Session 变量中。

（8）返回系统主页。

对应的分部视图的名称是 "UserLogingPartial. cshtml"，位于项目根据目录下的 "Views/Shared" 目录中，其代码内容如下：

```
@ {
    var uid = Context. Session. GetString("userid");
}
@ if (string. IsNullOrEmpty(uid))
{
<form asp-area="" asp-controller="Home" asp-action="UserLogin" data-ajax="true">
<div class="input-group input-group-sm">
```

```
<span class="input-group-addon">用户</span>
<input type="text" name="uid" class="form-control"/>
<span class="input-group-addon">密码</span>
<input type="password" name="pwd" class="form-control"/>
<span class="input-group-btn">
<input type="submit" value="登录" class="btn btn-danger"/>
<a asp-controller="UserCenter" asp-action="UserRegister" class="btn btn-success">注册</
a>
</span>
</div>
</form>
}
else
{
<div class="btn-group" style="padding:0;">
<button type="button" class="btn btn-default dropdown-toggle" data-toggle="dropdown">
欢迎 @uid-@Context.Session.GetString("username")   <span class="caret"></span>
</button>
<ul class="dropdown-menu" role="menu">
<li>
<a asp-controller="UserOrderList" asp-action="Index" asp-route-uid="@uid">我的订单</
a>
</li>
<li>
<a asp-controller="UserCenter" asp-action="UserEdit" asp-route-uid="@uid">完善信息</
a>
</li>
<li>
<a asp-controller="UserCenter" asp-action="UpdatePassword" asp-route-uid="@uid">修改
密码</a>
</li>
<li>
<a asp-controller="UserCenter" asp-action="UploadImage" asp-route-uid="@uid">更新头
像</a>
</li>
```

```
<li>
    <a asp-controller="UserCenter" asp-action="AspnetUserAdd" asp-route-uid="@uid">支付
记录</a>
    </li>
    <li>
    <a asp-controller="UserCenter" asp-action="UserAddressIndex" asp-route-uid="@uid">用
户地址</a>
    </li>
    <li>
    <a asp-controller="UserCenter" asp-action="UserActionIndex" asp-route-uid="@uid">参与
活动</a>
    </li>
    </ul>
    </div>
    <span>
    <a asp-controller="UserCenter" asp-action="UserLogoff" asp-route-uid="@uid" title="退出
登录">退出登录</a>
    </span>
    }
```

登录成功后，显示的用户自行管理功能如下：

（1）我的订单。

（2）完善信息。

（3）修改密码。

（4）更新头像。

（5）支付记录。

（6）参与活动。

（7）退出登录。

5.2.2　我的订单

我的订单显示登录用户的订单信息，并在此完成其他与订单有关的任务，例如，订单取消、地址修改、结算、对完成订单的评价等。我的订单管理运行界面如图 5-4 所示。

通过"详细"操作进入对应订单详细信息及功能操作界面，完成有关的任务，如图 5-4（b）所示。

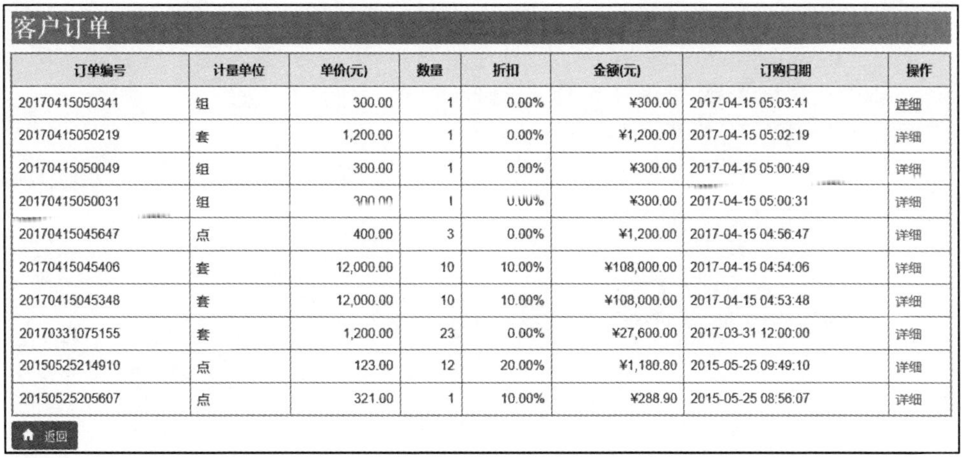

客户订单

订单编号	计量单位	单价(元)	数量	折扣	金额(元)	订购日期	操作
20170415050341	组	300.00	1	0.00%	¥300.00	2017-04-15 05:03:41	详细
20170415050219	套	1,200.00	1	0.00%	¥1,200.00	2017-04-15 05:02:19	详细
20170415050049	组	300.00	1	0.00%	¥300.00	2017-04-15 05:00:49	详细
20170415050031	组	300.00	1	0.00%	¥300.00	2017-04-15 05:00:31	详细
20170415045647	点	400.00	3	0.00%	¥1,200.00	2017-04-15 04:56:47	详细
20170415045406	套	12,000.00	10	10.00%	¥108,000.00	2017-04-15 04:54:06	详细
20170415045348	套	12,000.00	10	10.00%	¥108,000.00	2017-04-15 04:53:48	详细
20170331075155	套	1,200.00	23	0.00%	¥27,600.00	2017-03-31 12:00:00	详细
20150525214910	点	123.00	12	20.00%	¥1,180.80	2015-05-25 09:49:10	详细
20150525205607	点	321.00	1	10.00%	¥288.90	2015-05-25 08:56:07	详细

🏠 返回

(a)

订单详细信息

产品名称	温度 (2015-0011)		计量单位	组
订购数量	1		订购单价	300
订单金额	300		订单状态	未付款 (A)
检测单位				
单位名称	国家质量监督检验检疫总局 (20150001)		联系电话	1234567890
通讯地址	Http://www.sohu.com		联系人	王新

✕ 取消订单 $ 结算付款   🏠 返回

订单地址修改

详细地址	
补充说明	这是一个重要的订单

确认修改

客户评价

评价内容	

提交评价

(b)

图 5-4 我的订单运行界面

(a) 我的订单列表；(b) 我的订单详情及任务

我的订单及相关的功能实现控制器是"UserOrderListController"，在位于项目根目录下的"Controllers"目录中的"userorderlistcontroller. cs"类文件中，其代码内容如下：

```
using bxtest. Models;
using Microsoft. AspNetCore. Hosting;
using Microsoft. AspNetCore. Http;
using Microsoft. AspNetCore. Mvc;
using Microsoft. EntityFrameworkCore;
using System;
using System. Linq;
using System. Threading. Tasks;
namespace bxtest. Controllers
{
    public class UserOrderListController:Controller
    {
        private readonly BxtestDbContext db;
        private readonly AppService apps=new AppService();
        private readonly IHostingEnvironment ihost;
        public UserOrderListController( BxtestDbContext dba,IHostingEnvironment ihost1)
        {
            db = dba;
            ihost = ihost1;
        }
        /// <summary>
        /// 客户订单列表
        /// </summary>
        /// <param name="uid">客户标识</param>
        /// <returns></returns>
        public IActionResult Index(string uid)
        {
            if( String. IsNullOrEmpty( uid) ) uid = HttpContext. Session. GetString("
userid");
            var rds = db. AOrderList. Where( a => a. UserId == uid). OrderByDescending
( a => a. BeginDate);
            ViewBag. ModelName = apps. GetModelDisplayName( typeof( AOrderList) );
            return View( rds. ToList() );
        }
        /// <summary>
        /// 订单详细内容及相关操作
        /// </summary>
        /// <param name="id">OrderCode</param>
        /// <returns></returns>
```

```
[ActionName("OrderDetails")]
public async Task<IActionResult> OrderDetailsAsync(string id)
{
    ViewBag. Message = "客户订单详细情况";
    var rd = await db. AOrderList
        . Include(a => a. AProjectList)
        . Include(a => a. AOrderStatusList)
        . Include(a => a. LUnitList)
        . SingleOrDefaultAsync(a => a. OrderCode == id);
    return View(rd);
}

/// <summary>
/// 修改订单地址和补充说明
/// </summary>
/// <param name="OrderCode">订单编号</param>
/// <param name="DetailAddress">订单地址</param>
/// <param name="Remark">补充说明</param>
/// <returns>ContentResult</returns>
[ActionName("AddressUpdate")]
public async Task<IActionResult> AddressUpdateAsync(string OrderCode, string DetailAddress, string Remark)
{
    var rd = await db. AOrderList. FindAsync(OrderCode);
    rd. DetailAddress = DetailAddress;
    rd. Remark = Remark;
    try
    {
        db. AOrderList. Update(rd);
        await db. SaveChangesAsync();
        ViewBag. Message = "订单详细地址修改成功...";
    }
    catch
    {
        ViewBag. Message = "订单详细地址修改失败...";
    }
    return Content($"alert(\'{ViewBag. Message}\')", "application/x-javascript");
}

/// <summary>
```

```
/// 客户评价记录
/// </summary>
/// <param name="OrderCode">订单编号</param>
/// <param name="ValuationContext">评价内容</param>
/// <returns>ContentResult</returns>
[ActionName("UserValuation")]
public async Task<IActionResult> UserValuationAsync(string OrderCode, string Val-
uationContent)
{
        var rd = db.AOrderList.FindAsync(OrderCode);
        AValuationList rd1 = new AValuationList();
        rd1.ProjectCode = rd.Result.ProjectCode;
        rd1.UserId = HttpContext.Session.GetString("userid");
        rd1.ValuationContent = ValuationContent;
        try
        {
            await db.AValuationList.AddAsync(rd1);
            await db.SaveChangesAsync();
            ViewBag.Message = "客户评价提交成功...";
        }
        catch
        {
            ViewBag.Message = "客户评价提交失败...";
        }
        return Content($"alert(\'{ViewBag.Message}\')", "application/x-javas-
cript");
    }
}
```

其中的功能方法如下：

（1）构造方法。注入环境类和数据库上下文类，实例化实例变量。

（2）Index 方法。检索用户订单记录。

（3）OrderDetails 方法。根据订单编号，检索订单详细信息。

（4）AddressUpdate 方法。修改或增加订单地址信息。

（5）UserValuation。对已完成订单对应的产品做评价。

完成上述任务涉及相应的视图，现就"Index 方法"对应的视图代码内容展示如下：

```
@ model IEnumerable<bxtest. Models. AOrderList>
@ {
        string pname = Context. Session. GetString("username")+"("+ Context. Session. GetString
("userid")+")";
        ViewData["Title"] = pname+ViewBag. ModelName;
}
<h2 class="h2-css">@ ViewData["Title"]</h2>
<table class="table table-list">
<tr>
<th>订单编号</th>
<th>计量单位</th>
<th>单价(元)</th>
<th>数量</th>
<th>折扣</th>
<th>金额(元)</th>
<th>订购日期</th>
<th>操作</th>
</tr>
    @ foreach (var item in Model)
    {
<tr>
<td>
                @ Html. DisplayFor(modelItem => item. OrderCode)
</td>
<td>
                @ Html. DisplayFor(modelItem => item. CountUnit)
</td>
<td style="text-align:right;">
                @ Html. DisplayFor(modelItem => item. UnitPrice)
</td>
<td style="text-align:right;">
                @ Html. DisplayFor(modelItem => item. Amount)
</td>
<td style="text-align:right;">
                @ Html. DisplayFor(modelItem => item. DiscountRate)
</td>
```

```
<td style="text-align:right;">
                @Html.DisplayFor(modelItem => item.PayMoney)
</td>
<td>

                @Html.DisplayFor(modelItem => item.BeginDate)
</td>
<td>
<a asp-action="OrderDetails" asp-route-id="@item.OrderCode">详细</a>
</td>
</tr>
        }
</table>
<a asp-controller="Home" asp-action="Index" class="btn btn-primary glyphicon glyphicon-
home">返回</a>
```

另外还有"OrderDetails"方法对应的视图"OrderDetails.cshtml",在此不再列示,其他方法没有对应的视图,通过 Ajax 方式调用完成相应的任务。

5.2.3 用户注销

用户注销功能的任务是使当前用户退出系统,并清除与用户有关的 Session变量信息,改写日志记录。方法名称是"UserLogOff",所属控制器是"UserCenterController"类,类文件是位于项目根目录下的"Controllers"目录中的"UserCenterController.cs",没有对应的视图。"UserLogOff"方法的代码内容如下:

```
/// <summary>
/// 用户退出登录
/// </summary>
/// <returns></returns>
//[Authorize]
[ActionName("UserLogoff")]
public async Task<IActionResult> UserLogoffAsync(string uid)
{
    var rd = db.KUserLoginList.LastOrDefault(k => k.UserId == uid);
    if(rd! =null)
    {
        rd.LogoffDate = DateTime.Now;
```

```
                    db. KUserLoginList. Update( rd ) ;
                    await db. SaveChangesAsync( ) ;
                    HttpContext. Session. Remove("userid") ;
                    HttpContext. Session. Remove("username") ;
                    HttpContext. Session. Remove("groupid") ;
                    HttpContext. Session. Remove("groupname") ;
                }
                return RedirectToAction("Index","Home") ;
            }
```

任务是修改登录信息和清除 Session 变量。

5. 2. 4　修改密码

修改密码的功能是完成当前登录用户自行修改自己的登录密码的任务，因此，只有登录用户可用此功能。修改密码功能的运行界面如图 5-5 所示。

图 5-5　修改密码界面

修改密码的方法名称是"UpdatePassword"，所属控制器是"UserCenterController"类，类文件是位于项目根目录下的"Controllers"目录中的"UserCenter-Controller. cs"。"UpdatePassword"方法的代码内容如下：

```
/// <summary>
    /// 用户自行修改密码
```

```
        /// </summary>
        /// <param name="uid">用户标识</param>
        /// <returns></returns>
        public IActionResult UpdatePassword(string uid = null)
        {
            UserRegisterViewModel vm = new UserRegisterViewModel();
            vm.UserId = uid;
            ViewBag.Message = "用户修改密码...";
            return View(vm);
        }
        [HttpPost]
        [ActionName("UpdatePassword")]
        public async Task<IActionResult> UpdatePasswordAsync(UserRegisterViewModel
vm)
        {
            if(ModelState.IsValid)
            {
                var uid = HttpContext.Session.GetString("userid");
                var rd = await db.KUserLists.FindAsync(uid);
                rd.Password = vm.Password;
                db.KUserLists.Update(rd);
                await db.SaveChangesAsync();
                ViewBag.Message = "修改成功...";
            }
            else
            {
                ViewBag.Message = "修改失败...";
            }
            return View(vm);
        }
```

其完成的任务有：
（1）调用密码修改输入界面。
（2）接受用户输入。
（3）判断用户输入是否有空值。
（4）判断用户密码和确认密码是否相等。
（5）修改密码并存入数据库。

修改密码方法对应的视图文件是"UpdatePassword.cshtml",存储于项目根目录下的"Views/UserCenter"目录中,其代码内容如下:

```
@model UserRegisterViewModel
@{
    ViewData["Title"] = Context.Session.GetString("uaername") + "修改密码";
}
<divclass="panelpanel-primary text-center" style="width:400px;margin:auto;">
<div class="panel-heading">
<h3 class="panel-title">@ViewData["Title"]</h3>
</div>
<div class="panel-body">
<form asp-action="UpdatePassword">
<div asp-validation-summary="ModelOnly" class="text-danger"></div>
<div class="input-group">
<span class="input-group-addon">用户标识</span>
<input type="hidden" asp-for="UserId"/>
                @Model.UserId
</div>
<span asp-validation-for="UserId" class="text-danger"></span>
<hr />
<div class="input-group">
<span class="input-group-addon">用户密码</span>
<input type="password" asp-for="Password" class="form-control" />
</div>
<span asp-validation-for="Password" class="text-danger"></span>
<hr />
<div class="input-group">
<span class="input-group-addon">确认密码</span>
<input type="password" asp-for="ConfirmPassword" class="form-control" />
</div>
<span asp-validation-for="ConfirmPassword" class="text-danger"></span>
<hr />
<div class="input-group">
<button type="submit" class="btn btn-danger glyphicon glyphicon-edit">修改</button>
<a asp-controller="Home" asp-action="Index" class="btn btn-primary glyphicon glyphicon-home">返回</a>
</div>
```

```
</form>
</div>
<div class="panel-footer text-danger">
        @ViewBag. Message
</div>
</div>
@section Scripts {
    @{await Html. RenderPartialAsync("_ValidationScriptsPartial");}
}
```

参数的传递是通过实体模型"UserRegisterViewModel"实现的。

5.2.5　更新头像

更新头像是指用户根据系统提示，上传自己的标识头像图片，用户登录后通过此功能完成自己头像的更新，其运行界面如图5-6所示。

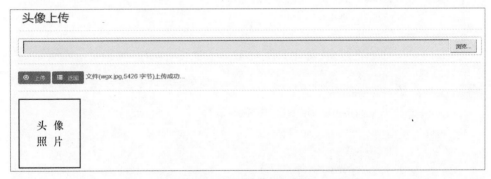

图5-6　更新头像显示界面

通过"浏览"，选择合适的头像图片，然后通过"上传"功能，将所选头像图片上传。用户头像图片以"用户标识"为名，存储于"wwwroot/userimages"目录中。更新头像的方法名称是"UploadImage"，所属控制器是"UserCenterController"类，类文件是位于项目根目录下的"Controllers"目录中的"UserCenterController. cs"。"UploadImage"方法的代码内容如下：

```
/// <summary>
        /// 相关项目图片上传
        /// </summary>
        /// <param name="id">记录标识</param>
```

```csharp
        /// <returns></returns>
        public IActionResult UploadImage(string uid)
        {
                var rd = db.KUserLists.Select(k => new { k.UserId, k.UserName,
k.ImageFileName }).FirstOrDefault(k => k.UserId == uid);
                ViewBag.uid = rd.UserId;
                ViewBag.fname = rd.ImageFileName;
                ViewBag.pname = rd.UserId + "-" + rd.UserName;
                ViewBag.Message = "用户头像图片文件上传...";
                return View();
        }
        [HttpPost]
        [ActionName("UploadImage")]
        public async Task<IActionResult> UploadImageAsync(string uid, [FromServices]
IHostingEnvironment env, IFormFile file)
        {
                //根据记录,设置相关的显示参数
                var rd = await db.KUserLists.FindAsync(uid);
                ViewBag.uid = rd.UserId;
                ViewBag.fname = rd.ImageFileName;
                ViewBag.pname = rd.UserId + "-" + rd.UserName;
                //判断上传文件是否为空
                if (file == null)
                {
                        ViewBag.Message = "文件名称不能为空...";
                        return View();
                }
                //根据上传文件名生成新文件名称
                var filename = file.FileName;//上传文件的全限定名称
                filename = filename.Substring(filename.LastIndexOf("\\") + 1);//上传文件
的名称
                var fsize = file.Length;
                var extname = filename.Substring(filename.LastIndexOf(".") + 1);//上传文
件的扩展名
                filename = uid + ".jpg";//定义新的名称
                //写入数据库
                rd.ImageFileName = filename;
```

```
            db. KUserLists. Update( rd) ;
            await db. SaveChangesAsync( ) ;
            //将上传文件存储到指定的位置
            try
            {
                using ( var stream = new FileStream ( Path. Combine ( env. WebRootPath,
$ "UserImages\\{filename}") ,FileMode. Create) )
                {
                    await file. CopyToAsync( stream) ;
                    stream. Flush( ) ;
                }
                ViewBag. Message = $ "文件({filename},{fsize} 字节)上传成功...";
            }
            catch ( IOException ee)
            {
                ViewBag. Message = $ "文件({filename},{fsize} 字节)上传失败...
{ee. Message}";
            }
            return View( ) ;
        }
```

这里有两个同名的方法，第一个打开头像选择视图，选择完成后，通过提交，传递头像文件到第二个方法中，进行更名、上传和存储。更新头像方法对应的视图文件名称是"UploadImage. cshtml"，存储于项目根据目录下的"Views/UserCenter"目录中，其代码内容如下：

```
@{
    ViewBag. Title = $ "[{ViewBag. pname}]头像上传";
}
<h2>@ ViewBag. Title</h2>
<hr />
<form asp-action="UploadImage" asp-route-uid="@ ViewBag. uid" enctype="multipart/form-
data">
<input type="file" name="file" class="form-control" />
<hr />
<button type="submit" class="btn btn-danger glyphicon glyphicon-upload">上传</button>
```

```
<a asp-controller="Home" asp-action="Index" class="btn btn-primary glyphicon glyphicon-
list">返回</a>
<span class="text-danger">@ViewBag.Message</span>
</form>
<hr />
<div>
<img src="~/UserImages/@ViewBag.fname" />
</div>
```

此代码的功能如下：

（1）提供表单输入功能，类型是 file，实现头像图片文件选择。

（2）显示头像图片。

5.2.6 关于我们

关于我们的主要任务是显示系统相关的说明信息，包括平台宗旨、经营项目、团队建设、联系方式等。关于我们的运行界面如图 5-7 所示。

图 5-7 关于我们的显示界面

关于我们显示的方法名称是"About"，所属控制器是"HomeController"类，类文件是位于项目根目录下的"Controllers"目录中的"HomeController.cs"，其方法的代码内容如下：

```
public IActionResult About([FromServices]IOptions<ProjectInformation> pinfo)
{
        ViewBag.Message = "关于我们";
        ViewBag.pName = pinfo.Value.ProjectName;
        ViewBag.cDate = pinfo.Value.CreateDate;
        ViewBag.vCode = pinfo.Value.VersionCode;
        IdentityUser iu = new IdentityUser();
```

```
            ViewBag. iu = iu;
            return View(iu);
    }
```

关于我们方法对应的视图文件名称是"About. cshtml", 存储于项目根据目录下的"Views/Home"目录中, 其代码内容如下:

```
@ {
    ViewData["Title"] = "关于我们";
}
<h3 style="border-bottom:2px #ff6a00 dashed;padding-bottom:5px;">
    @ ViewData["Message"] - @ bxtest. Properties. Resources. ResourceManager. GetString("
CompanyName")
</h3>
<ul id="ul-list" class="nav nav-tabs nav-pills nav-justified">
<li class="active"><a href="#tab1" data-toggle="tab">公司简介</a></li>
<li><a href="#tab2" data-toggle="tab">服务宗旨</a></li>
<li><a href="#tab3" data-toggle="tab">经营项目</a></li>
<li><a href="#tab4" data-toggle="tab">经营团队</a></li>
<li><a href="#tab5" data-toggle="tab">专题报告</a></li>
</ul>
<div id="mytab" class="tab-content" style="min-height:30em;margin-top:20px;">
<div id="tab1" class="tab-pane fade in active row">
<div class="col-lg-3">
<img src="~/Images/AboutImages/tp01. jpg" style="width:100%;" />
</div>
<div class="col-lg-9">
<H2>业务内容:室内检测,家具检测,水质检测,土壤检测,公共服务,政府服务,环境安
全普及,实验室平台</H2>
</div>
</div>
<div id="tab2" class="tab-pane fade in row" >
<div class="col-lg-3">
<img src="~/Images/AboutImages/tp02. jpg" style="width:100%;" />
</div>
<div class="col-lg-9">
<h2>
```

```
打造适合普通大众的第四方检测服务平台！ <br />
用检测的手段呵护您及家人的健康！ <br />
将检测全方位清楚明白的呈现在您的面前！ <br />
</h2>
</div>
</div>
..............................
```

为了节省篇幅，此处省略部分代码。

系统用户管理其他功能请扫相关二维码获取。

5.3 检测单位自行管理功能实现

检测单位管理功能包括登录、注册、检测订单、完成信息、修改密码、标识图片、资质材料、退出登录，在此以登录、注册、检测订单、完善信息、资质材料功能为例，说明设计实现过程。

功能实现对应的方法在控制器"UnitCenterController"中，方法对应的视图文件在"Views/UnitCenter"目录中。

5.3.1 检测单位登录

检测单位登录直接在指定的输入域中输入检测单位的标识和密码，通过"登录"完成检测单位的登录功能。信息输入运行界面如图5-8所示。

图5-8 工程数据项目编辑修改界面

"登录"功能调用的方法是"UnitLogin"，其代码内容如下：

```
/// <summary>
    /// 单位登录
    /// </summary>
    /// <returns></returns>
    [AllowAnonymous]
    [ValidateAntiForgeryToken]
    [ActionName("UnitLogin")]
```

```
public async Task<IActionResult> UnitLoginAsync(string unitcode, string password)
{
    var rd = await db. LUnitLists. SingleOrDefaultAsync(l => l. UnitCode == unit-
code && l. Password == password);
    if (rd == null)
    {
        ViewBag. Message = "单位标识或密码输入有误...";
        return Content($"alert(\'{ViewBag. Message}\');", "application/x-
javascript");
    }
    HttpContext. Session. SetString("unitcode", rd. UnitCode);
    HttpContext. Session. SetString("unitname", rd. UnitName);
    // *********************************************
    //写入 LUnitLoginList
    LUnitLoginList kll = new LUnitLoginList()
    {
        UnitCode = rd. UnitCode,
        HostName = Dns. GetHostName(),
        HostIp = apps. GetIpv4(). Result
    };
    await db. Set<LUnitLoginList>(). AddAsync(kll);
    int rno = await db. SaveChangesAsync();
    // *********************************************
    return Content($"alert(\'单位登录成功...\'); history. go(0);", "
application/x-javascript");
}
```

代码完成的主要任务有：

（1）接受参数值，定义变量 unitcode 和 password。

（2）检索满足条件的记录。

（3）如果有效，设置 Session 变量和单位登录记录。

方法是 ajax 方式调用，返回的是 javascript 代码，因此没有对应的视图。

5.3.2 检测单位注册

检测单位注册功能提供检测单位自行加入平台登记过程，通过输入单位标识和密码完成登记工作。检测单位注册的方法是"UnitRegister"，代码内容如下：

```
///  <summary>
///  检测单位注册
///  </summary>
///  <returns></returns>
public IActionResult UnitRegister( )
{
    ViewBag. Message = "单位注册";
    return View( );
}
[ HttpPost ]
[ ActionName( "UnitRegister" ) ]
public async Task<IActionResult> UnitRegisterAsync( UnitRegisterViewModel vm )
{
    LUnitList rd = new LUnitList( )
    {
        UnitCode = vm. UnitCode,
        Password = vm. Password
    };
    try
    {
        await db. LUnitLists. AddAsync( rd );
        await db. SaveChangesAsync( );
        ViewBag. Message = "注册成功...";
    }
    catch
    {
        ViewBag. Message = "注册失败...";
    }
    return View( vm );
}
```

第一个 UnitRegister 方法，打开注册信息输入界面，并通过"注册"功能将信息以 post 方式传递给第二个 UnitRegister 方法中的形参 vm，完成注册任务。单位注册信息输入界面对应的视图是"UnitRegister. cshtml"，其代码内容如下：

```
@ model UnitRegisterViewModel
@ {
```

```
        ViewData["Title"] = ViewData.ModelMetadata.DisplayName;
    }
<div class="panel panel-primary text-center" style="width:400px;margin:auto;">
<div class="panel-heading">
<h3 class="panel-title">@ViewData["Title"]</h3>
</div>
<div class="panel-body">
<form asp-action="UnitRegister">
<div asp-validation-summary="ModelOnly" class="text-danger"></div>
<div class="input-group">
<span class="input-group-addon">单位标识</span>
<input type="text" asp-for="UnitCode" class="form-control" />
</div>
<span asp-validation-for="UnitCode" class="text-danger"></span>
<hr />
<div class="input-group">
<span class="input-group-addon">登录密码</span>
<input type="password" asp-for="Password" class="form-control" />
</div>
<span asp-validation-for="Password" class="text-danger"></span>
<hr />
<div class="input-group">
<span class="input-group-addon">确认密码</span>
<input type="password" asp-for="ConfirmPassword" class="form-control" />
</div>
<span asp-validation-for="ConfirmPassword" class="text-danger"></span>
<hr />
<div class="input-group">
<button type="submit" class="btn btn-danger glyphicon glyphicon-log-in">注册</button>
    <a asp-area="" asp-controller="Home" asp-action="Index" class="btn btn-primary glyphicon
glyphicon-home">返回</a>
</div>
</form>
</div>
<div class="panel-footer text-danger">
        @ViewBag.Message
</div>
</div>
```

```
@ section Scripts {
    @ {await Html. RenderPartialAsync("_ValidationScriptsPartial") ;}
}
```

说明：代码段

```
@ section Scripts {
    @ {await Html. RenderPartialAsync("_ValidationScriptsPartial") ;}
}
```

的功能是引入输入验证所需要的 js 文件。

"UnitRegister. cshtml" 运行的效果界面如图 5-9 所示。

图 5-9　"UnitRegister. cshtml" 运行的效果界面

　　检测单位注册需要在界面中输入单位标识和密码，通过"注册"即可完成注册任务。

5.3.3　检测订单

　　检测单位登录成功后，展开下拉菜单，其中有"检测订单"功能项目。检测订单功能完成检测单位检测订单的查看、检测报告上传等任务。检测单位的检测订单管理功能实现的方法在控制器"UnitOrderListController"，对应的视图文件存储在"Views/UnitOrderList"目录中。

检测单位检测订单记录查看的方法是"Index"，代码内容如下：

```
/// <summary>
      /// 检测订单列表
      /// </summary>
      /// <param name="unitcode">单位标识</param>
      /// <returns></returns>
      public IActionResult Index(string unitcode)
      {
            if(String.IsNullOrEmpty(unitcode)) unitcode = HttpContext.Session.GetString
("unitcode");
            var rds = db.AOrderList
                  .Include(a=>a.AOrderStatusList)
                  .Where(a => a.UnitCode == unitcode).OrderByDescending(a =>
a.BeginDate);
            ViewBag.ModelName = apps.GetModelDisplayName(typeof(AOrderList));
            return View(rds.ToList());
      }
```

记录检测根据变量 unitcode 的值检索，并根据日期排序，然后将结果传递给视图进行显示。"Index"方法对应的视图文件名称是"Index.cshtml"，其代码内容如下：

```
@model IEnumerable<bxtest.Models.AOrderList>
@{
      string pname = Context.Session.GetString("unitname")+"("+ Context.Session.GetString
("unitcode")+")";
      ViewData["Title"] = pname + "检测订单";;
}
<h2 class="h2-css">@ViewData["Title"]</h2>
<table class="table table-list">
<tr>
<th>订单编号</th>
<th>计量单位</th>
<th>订购日期</th>
<th>订单状态</th>
<th>操作</th>
```

```
</tr>
    @foreach（var item in Model）
    {
<tr>
<td>
            @Html.DisplayFor（modelItem => item.OrderCode）
</td>
<td>
            @Html.DisplayFor（modelItem => item.CountUnit）
</td>

<td>
            @Html.DisplayFor（modelItem => item.BeginDate）
</td>
<td>
            @Html.DisplayFor（modelItem => item.AOrderStatusList.OrderStatusName）
</td>
<td>
<a asp-action="OrderDetails" asp-route-id="@item.OrderCode">详细</a>
</td>
</tr>
    }
</table>
<a asp-controller="Home" asp-action="Index" class="btn btn-primary glyphicon glyphicon-home">返回</a>
```

"Index.cshtml" 运行的效果界面如图 5-10 所示。

(20150001)检测订单				
订单编号	**计量单位**	**订购日期**	**订单状态**	**操作**
20170415050341	组	2017-04-15 05:03:41	未付款	详细
20170415012604	套	2017-04-15 01:26:04	未付款	详细
20170330103524	套	2017-03-30 12:00:00	未付款	详细
20150813142102	点	2015-08-13 12:00:00	未付款	详细
20150525214910	点	2015-05-25 09:49:10	未付款	详细
20150525205607	点	2015-05-25 08:56:07	未付款	详细
🏠 返回				

图 5-10 "Index.cshtml" 运行的效果界面

界面中和显示记录无关的操作连接有"返回"，和记录管理有关的操作连接有"详细"，以此完成检测订单的其他有关操作。

5.3.4 检测单位信息完善

检测单位信息完善通过下拉菜单中的"完善信息"项目实现。检测单位注册后只登记了单位标识和密码信息,其他项目的信息需要通过此功能加以修改完善。完善信息的方法名称是"UnitEdit",在控制器"UnitCenterControllers"中,具体代码内容如下:

```
/// <summary>
    /// 单位信息自行编辑
/// </summary>
/// <param name="uid"></param>
/// <returns></returns>
public IActionResult UnitEdit(string unitcode)
{
    var rd = db. LUnitLists. Find(unitcode);
    ViewBag. Message = "单位信息自行修改...";
    return View(rd);
}

[HttpPost]
public IActionResult UnitEdit(LUnitList rd)
{
    if (ModelState. IsValid)
    {
        try
        {
            db. LUnitLists. Update(rd);
            db. SaveChanges();
            ViewBag. Message = "单位信息修改成功...";
        }
        catch (DbUpdateConcurrencyException)
        {
            ViewBag. Message = "单位信息修改失败...";
        }
    }
    else
    {
        ViewBag. Message = "单位信息输入有错误...";
    }
```

```
        return View(rd);
    }
```

第一个 UnitEdit 方法是打开指定检测单位信息编辑界面，有关项目信息修改完成后，通过"确认"，将值提交第二个 UnitEdit 方法，存入数据库，完成信息的修改任务。方法 UnitEdit 对应的视图文件名称是"UnitEdit.cshtml"，其具体代码内容如下：

```
@ model bxtest. Models. LUnitList
@ {
    ViewData["Title"] = "检测单位信息修改";
}
<h2>@ ViewData["Title"]</h2>
<hr />
<form asp-action="UnitEdit" role="form">
<div class="form-horizontal">
<div asp-validation-summary="ModelOnly" class="text-danger"></div>
<input asp-for="UnitCode" type="hidden"/>
<input asp-for="Password"   type="hidden"/>
<input asp-for="ImageFileName" type="hidden" />
<input asp-for="UnitPoint" type="hidden" />
<input asp-for="RegisterDate" type="hidden" />
<div class="form-group">
<label asp-for="UnitCode" class="col-md-2 control-label"></label>
<div class="col-md-10">
                @ Model. UnitCode
</div>
</div>
<div class="form-group">
<label asp-for="UnitName" class="col-md-2 control-label"></label>
<div class="col-md-10">
<input asp-for="UnitName" class="form-control" />
<span asp-validation-for="UnitName" class="text-danger"></span>
</div>
</div>
<div class="form-group">
<label asp-for="ShortName" class="col-md-2 control-label"></label>
```

```html
<div class="col-md-10">
<input asp-for="ShortName" class="form-control" />
<span asp-validation-for="ShortName" class="text-danger"></span>
</div>
</div>
<div class="form-group">
<label asp-for="IdentyCode" class="col-md-2 control-label"></label>
<div class="col-md-10">
<input asp-for="IdentyCode" class="form-control" />
<span asp-validation-for="IdentyCode" class="text-danger"></span>
</div>
</div>
<div class="form-group">
<label asp-for="HandAddress" class="col-md-2 control-label"></label>
<div class="col-md-10">
<input asp-for="HandAddress" class="form-control" />
<span asp-validation-for="HandAddress" class="text-danger"></span>
</div>
</div>
<div class="form-group">
<label asp-for="HandMan" class="col-md-2 control-label"></label>
<div class="col-md-10">
<input asp-for="HandMan" class="form-control" />
<span asp-validation-for="HandMan" class="text-danger"></span>
</div>
</div>
<div class="form-group">
<label asp-for="HandPhone" class="col-md-2 control-label"></label>
<div class="col-md-10">
<input asp-for="HandPhone" class="form-control" />
<span asp-validation-for="HandPhone" class="text-danger"></span>
</div>
</div>
<div class="form-group">
<label asp-for="PostCode" class="col-md-2 control-label"></label>
<div class="col-md-10">
<input asp-for="PostCode" class="form-control" />
<span asp-validation-for="PostCode" class="text-danger"></span>
```

```
</div>
</div>
<div class="form-group">
<label asp-for="HttpAddress" class="col-md-2 control-label"></label>
<div class="col-md-10">
<input asp-for="HttpAddress" class="form-control" />
<span asp-validation-for="HttpAddress" class="text-danger"></span>
</div>
</div>
<div class="form-group">
<label asp-for="EmailAddress" class="col-md-2 control-label"></label>
<div class="col-md-10">
<input asp-for="EmailAddress" class="form-control" />
<span asp-validation-for="EmailAddress" class="text-danger"></span>
</div>
</div>
<div class="form-group">
<label asp-for="BeginDate" class="col-md-2 control-label"></label>
<div class="col-md-10">
<input asp-for="BeginDate" class="form-control" />
<span asp-validation-for="BeginDate" class="text-danger"></span>
</div>
</div>
<div class="form-group">
<label asp-for="EndDate" class="col-md-2 control-label"></label>
<div class="col-md-10">
<input asp-for="EndDate" class="form-control" />
<span asp-validation-for="EndDate" class="text-danger"></span>
</div>
</div>
<div class="form-group">
<label asp-for="AboutUnit" class="col-md-2 control-label"></label>
<div class="col-md-10">
<textarea asp-for="AboutUnit" class="form-control" rows="5"></textarea>
<span asp-validation-for="AboutUnit" class="text-danger"></span>
</div>
</div>
<div class="form-group">
```

```
<label asp-for="Remark" class="col-md-2 control-label"></label>
<div class="col-md-10">
<input asp-for="Remark" class="form-control" />
<span asp-validation-for="Remark" class="text-danger"></span>
</div>
</div>
<hr />
<div class="form-group">
<div class="col-md-offset-2 col-md-10">
<button type="submit" class="btn btn-danger glyphicon glyphicon-save">确认</button>
<a asp-controller="Home" asp-action="Index" class="btn btn-primary glyphicon glyphicon-
home">返回</a>
<span class="text-danger">@ViewBag. Message</span>
</div>
</div>
</div>
</form>
@section Scripts {
    @{await Html. RenderPartialAsync("_ValidationScriptsPartial");}
}
```

视图运行的界面如图 5-11 所示。

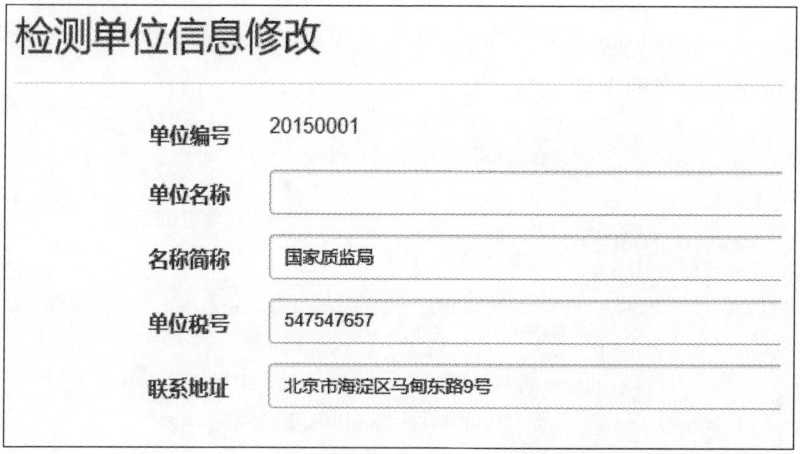

检测单位信息修改

单位编号	20150001
单位名称	
名称简称	国家质监局
单位税号	547547657
联系地址	北京市海淀区马甸东路9号

图 5-11　检测单位完善信息视图运行界面

界面上有确认功能，修改完成后通过确认功能即可实现修改任务。

5.3.5 资质材料

资质材料功能实现检测单位相关资质证书材料信息的增加、编辑、删除、上传等任务，据此平台对注册的检测单位的合格性做出认定。资质材料管理功能实现的控制器名称为"UnitIdentyLists"。

资质材料信息查看功能实现的方法名称是"Index"，具体代码内容如下：

```
/// <summary>
/// 检测单位资质材料列表
/// </summary>
/// <param name="unitcode">单位编号</param>
/// <returns></returns>
public async Task<IActionResult> Index(string unitcode = null)
{
    If(unitcode == null)
        unitcode = HttpContext. Session. GetString("unitcode");
    ViewBag. ModelName = apps. GetModelDisplayName(typeof(LUnitIdentyList));
    var bxtestDbContext = _context. LunitIdentyList
        . Where(l=>l. UnitCode == unitcode). Include(l => l. LUnitList);
    return View(await bxtestDbContext. ToListAsync());
}
```

根据单位编号检索，如果单位编号值空，则从 Session 变量中读取；检索记录的同时显式加载关联对象 UnitList 相关记录信息，调用视图显示结果。

方法对应的视图文件名称是"Index. cshtml"，其具体代码内容如下：

```
@ model IEnumerable<bxtest. Models. LUnitIdentyList>
@ {
    ViewData["Title"] = Context. Session. GetString("unitname")
        + ViewBag. ModelName;
}
<h2>@ ViewData["Title"]</h2>
<table class="table table-list">
<tr>
<th>
            @ Html. DisplayNameFor(model => model. UnitIdentyId)
</th>
```

```
<th>
            @ Html. DisplayNameFor( model => model. IdentyName)
</th>
<th>
            @ Html. DisplayNameFor( model => model. IdentyCode)
</th>
<th>
            @ Html. DisplayNameFor( model => model. BeginDate)
</th>
<th>
            @ Html. DisplayNameFor( model => model. EndDate)
</th>
<th>
            @ Html. DisplayNameFor( model => model. ValidationTerm)
</th>
<th></th>
</tr>
    @ foreach ( var item in Model)
    {
<tr>
<td>
            @ Html. DisplayFor( modelItem => item. UnitIdentyId)
</td>
<td>
            @ Html. DisplayFor( modelItem => item. IdentyName)
</td>
<td>
            @ Html. DisplayFor( modelItem => item. IdentyCode)
</td>
<td>
            @ Html. DisplayFor( modelItem => item. BeginDate)
</td>
<td>
            @ Html. DisplayFor( modelItem => item. EndDate)
</td>
<td>
            @ Html. DisplayFor( modelItem => item. ValidationTerm)
</td>
```

```
<td>
<a asp-action="Edit" asp-route-id="@item.UnitIdentyId">编辑</a> |
<a asp-action="Details" asp-route-id="@item.UnitIdentyId">详细</a> |
<a asp-action="Delete" asp-route-id="@item.UnitIdentyId">删除</a> |
<a asp-action="UploadImage" asp-route-id="@item.UnitIdentyId">图片</a>
</td>
</tr>
}
</table>
<p>
<a asp-action="Create" class="btn btn-danger">新增</a>
<a asp-controller="Home" asp-action="Index" class="btn btn-primary">返回</a>
</p>
```

视图运行的界面如图 5-12 所示。

单位资质材料

记录号	证件名称	证件编号	起始日期	结束日期	有效期限	
3	营业执照	1102232444444	2015-06-22	2050-06-22	35年	编辑 | 详细 | 删除 | 图片
4	计算机信息系统集成资质证书	23432432432434	2015-06-22	2020-06-22	5年	编辑 | 详细 | 删除 | 图片
6	这是第一个whn	21345678	2017-04-30	2017-04-30	0年	编辑 | 详细 | 删除 | 图片
7	遥夺	32424	2017-05-01	2017-10-01	0年	编辑 | 详细 | 删除 | 图片

新增 返回

图 5-12　Index 视图运行界面

有关编辑、详细、删除、图片功能的方法和视图在此不再一一列示，请扫本章二维码获取。

5.4　产品项目订购管理功能实现

产品项目管理功能主要包括产品目录列表展示、详细信息展示（包括宣传图片和用户评价）、订单填写确认等内容。产品项目管理功能实现方法在控制器"ProjectLists"，对应的视图文件存储在目录"Views/ProjectLists"中。

5.4.1　产品目录列表显示

产品以列表方式显示，并通过产品编号、产品名称、显示记录数量等参数实现显示记录的检索查询，对应方法的名称是"Index"，其具体代码内容如下：

```csharp
/// <summary>
/// 显示产品信息
/// </summary>
/// <param name="pcode">产品编号</param>
/// <param name="pname">产品名称</param>
/// <param name="pageIndex">页码</param>
/// <param name="pageSize">每页记录数</param>            ///
/// <returns></returns>
public async Task<IActionResult> Index(string pcode = null,
            string pname = null, int pageIndex = 0, int pageSize = 0)
{
    if (pcode == null)
    {
        pcode = HttpContext. Session. GetString("pcode") == null ?
            "" : HttpContext. Session. GetString("pcode");
    }
    if (pname == null)
    {
        pname = HttpContext. Session. GetString("pname") == null ?
            "" : HttpContext. Session. GetString("pname");
    }
    if (pageIndex == 0)
    {
        pageIndex = HttpContext. Session. GetInt32("pageIndex") == null
            ? 1 : (int) HttpContext. Session. GetInt32("pageIndex");
    }
    if (pageSize == 0)
    {
        pageSize = HttpContext. Session. GetInt32("pageSize") == null
            ? 10 : (int) HttpContext. Session. GetInt32("pageSize");
    }
    HttpContext. Session. SetString("pcode", pcode);
    HttpContext. Session. SetString("pname", pname);
    HttpContext. Session. SetInt32("pageIndex", pageIndex);
    HttpContext. Session. SetInt32("pageSize", pageSize);
    ViewBag. Message = "这些产品,我们精心打造";
    var rds = db. AProjectLists
            . Where(a => a. ProjectCode. Contains(pcode)
```

```
            && a. ProjectName. Contains( pname) )
            . OrderByDescending( a => a. BeginDate)
            . Include( p => p. AProjectClassList) ;
return View( await rds. ToPagedListAsync( pageSize, pageIndex) ) ;
}
```

方法的参数 pcode、pname、indexPag、epageSize 分别表示产品编号、产品名称、当前页码、第页记录数，其值来自于视图表单中的 input 变量，据此从数据库中检索记录；另外通过"Session"变量暂存检索数据，并通过动态视图属性变量"ViewBag"传递给视图使用；检索后的记录通过"return View（rds. ToList（）"传递到视图进行显示。

"Index"方法对应的视力文件名称是"Index. cshtml"，具体代码内容如下：

```
@ model IEnumerable<bxtest. Models. AProjectList>
@ {
      ViewBag. Title = ViewBag. Message;
}
<h2 class="h2-css">@ ViewBag. Title</h2>
<form asp-controller="ProjectLists" asp-action="Index" >
<div class="input-group">
<span class="input-group-addon">产品编号</span>
<input class="form-control" type="text"
name="pcode" value="@ Context. Session. GetString("pcode")" />
<span class="input-group-addon">产品名称</span>
<input class="form-control" type="text"
name="pname" value="@ Context. Session. GetString("pname")" />
<span class="input-group-addon">当前页码</span>
<input class="form-control" type="number"
name="pageIndex" value="@ Context. Session. GetInt32("pageIndex")" />
<span class="input-group-addon">每页行数</span>
<input class="form-control" type="number"
name="pageSize" value="@ Context. Session. GetInt32("pageSize")" />
<span class="input-group-btn">
<button class="btn btn-success glyphicon glyphicon-search" type="submit">确认</button>
</span>
</div>
</form>
<div id="list" style="margin-top:10px;">
<table class="table table-list" style="table-layout:fixed;">
```

```
<tr>
<th style="width:60px;"></th>
<th style="width:120px;">@Html.DisplayNameFor(model =>
model.ProjectCode)</th>
<th>@Html.DisplayNameFor(model => model.ProjectName)</th>
<th style="width:120px;">@Html.DisplayNameFor(model => model.BeginDate)</th>
<th style="width:120px;">@Html.DisplayNameFor(model =>
model.PClassCode)</th>
<th style="width:60px;"></th>
</tr>
    @foreach (var item in Model)
       {
<tr>
<td><img src="~/ProjectImages/@item.ImageFileName" class="img-w40h40" />
</td>
<td>@Html.DisplayFor(modelItem => item.ProjectCode)</td>
<td>@Html.DisplayFor(modelItem => item.ProjectName)</td>
<td>@Html.DisplayFor(modelItem => item.BeginDate)</td>
<td>@Html.DisplayFor(modelItem => item.AProjectClassList.PClassName)</td>
<td>@Html.ActionLink("详情","DetailList","ProjectLists",new { pcode = item.ProjectCode
},null)</td>
</tr>
       }
</table>
</div>
<pager />
```

是分页内容显示 TagHelper 标签，来自于 Sakura. AspNetCore. Mvc. PagedList 类库。

运行后的界面如图 5-13 所示。

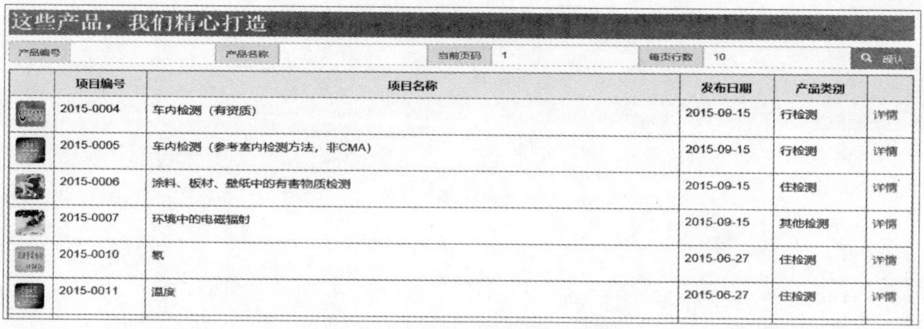

图 5-13　产品项目显示视图运行界面

在运行界面上提供了"详细"方法实现的连接，实现详细信息显示和订单填写任务。

5.4.2 自定义记录分页 TagHelper

Asp. net core 通过 Tag Helper 功能实现开发者自定义 HTML 标签，其特别的优势在于通过标签实现服务器端代码逻辑。本系统中通过自定义 Paging 标签实现对记录的分页处理功能，说明定义过程。

为方便管理，在项目目录下创建目录"TagHelpers"，用于存储自定义的 Tag Helper，在"_ViewImports. cshtml"通过"@ addTagHelper*，bxtest"命令，就可以在视图中直接引用。

自定义记录分页标签 PagingTagHelper 的代码内容如下：

```
using bxtest. Models;
using Microsoft. AspNetCore. Http;
using Microsoft. AspNetCore. Razor. TagHelpers;
using System. Text;
namespace bxtest. TagHelpers
{
    public class PagingTagHelper:TagHelper
    {
        private readonly HttpContext hc;
        public PagingTagHelper(HttpContext hc1)
        {
            hc = hc1;
        }
        public MyPagingOption PagingOption { get;set; }
        public override void Process(TagHelperContext context,
                TagHelperOutput output)
        {
            output. TagName = "ul";
            output. Attributes. SetAttribute("class","pagination");
            if (PagingOption. PageSize <= 0) { PagingOption. PageSize = 15;}
            if (PagingOption. PageIndex <= 0) { PagingOption. PageIndex = 1;}
            if (PagingOption. Total <= 0) { return;}
            //总页数
            var totalPage = PagingOption. Total / PagingOption. PageSize + (PagingOp-
tion. Total % PagingOption. PageSize > 0 ? 1:0);
```

```
if (totalPage <= 0) { return; }
//当前路由地址
if (string. IsNullOrEmpty(PagingOption. RouteUrl))
{
    PagingOption. RouteUrl = hc. Request. Path; ;
}
PagingOption. RouteUrl = PagingOption. RouteUrl. TrimEnd('/');
//构造分页样式
var sbPage = new StringBuilder(string. Empty);
sbPage. AppendFormat("<li><a href = \"{0}? pageIndex = {1}&&pageSize =
{2}\" aria-label = \"Previous\"><span aria-hidden = \"true\">&laquo;</span></a></li>",
    PagingOption. RouteUrl,
    PagingOption. PageIndex - 1 <= 0 ?
        1; PagingOption. PageIndex - 1,
    PagingOption. PageSize);
for (int i = 1; i <= totalPage; i++)
{
    sbPage. AppendFormat("<li {1}>
<a href= \"{2}? pageIndex = {0}&&pageSize = {3}\">{0}</a></li>",
        i,
        i == PagingOption. PageIndex ? "class = \"active\"": "",
        PagingOption. RouteUrl,
        PagingOption. PageSize);
}
sbPage. Append("<li>");
sbPage. AppendFormat("<a href = \"{0}? pageIndex = {1}&&pageSize = {2}\"
aria-label = \"Next\">",
    PagingOption. RouteUrl,
    PagingOption. PageIndex + 1 > totalPage ?
PagingOption. PageIndex; PagingOption. PageIndex + 1,
    PagingOption. PageSize);
sbPage. Append("<span aria-hidden = \"true\">&raquo;</span>");
sbPage. Append("</a>");
sbPage. Append("</li>");
sbPage. AppendFormat("<li><a href = \"#\">总行数:{0}</a></li>", PagingOption. Total);
    sbPage. AppendFormat("<li><a href = \"#\">总页数:{0}</a></li>", totalPage);
```

```
                    sbPage. AppendFormat("<li><a href= \"#\">页行数:{0}</a></li>",Pagin-
gOption. PageSize);
                        output. Content. SetHtmlContent(sbPage. ToString());
                    }
                }
            }
```

首先定义一个类,继承 TagHelper,在类中根据需要通过类变量设置标签参数变量,改写方法 Process(TagHelperContext context,TagHelperOutput output),定义标签输出内容。

public MyPagingOption PagingOption { get; set;},定义一个分页数据实体类的实例变量,用以存储分页所使用的相关数据项。MyPagingOption 实体类的内容如下:

```
    // **************************************************
    #region 分页扩展 PageExtend
    /// <summary>
    /// 分页 option 属性
    /// </summary>
    [DisplayName("分页扩展")]
    public class MyPagingOption
    {
        /// <summary>
        /// 当前页必传
        /// </summary>
        public int PageIndex { get;set;} = 1;
        /// <summary>
        /// 分页记录数(每页条数默认每页 15 条)
        /// </summary>
        public int PageSize { get;set;} = 15;
        /// <summary>
        /// 总条数必传
        /// </summary>
        public int Total { get;set;} = 0;
        /// <summary>
        /// 路由地址(格式如:/Controller/Action) 默认自动获取
```

```
///  </ summary>
public string RouteUrl { get; set; } = "";
///  <summary>
///  Ajax 方式使用的目标数据标记<div id="list"></div>
///  </ summary>
public string UpdateTarget { get; set; } = "";
}
#endregion
```

<Pager />标签的分页显示效果如图 5-14 所示。

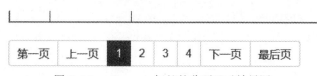

图 5-14　<Pager />标签的分页显示效果图

5.4.3　产品项目详细信息

在产品项目记录显示界面，通过"详细"连接，可以打开对应产品项目的详细内容显示界面，在此可以完成订单填写并确认订购任务。方法名称是"De-tailList"，具体代码内容如下：

```
public async Task<IActionResult> DetailList( string pcode)
{
    string uid = HttpContext. Session. GetString("userid");
    var rd = await db. AProjectLists. FindAsync( pcode);
    ViewBag. AddressList = new SelectList( db. KuserAddressList
        . Where( k => k. UserId == uid ),"AddressName","AddressName");
    return View( rd);
}
```

方法通过变量 pcode，检索对应的产品项目并传递到视图进行显示。另外通过视图动态变量 ViewBag. AddressList，传递当前登录用户的地址记录到视图，供选择。

"DetailList"方法对应的视图文件名是"DetailList. cshtml"，代码内容如下：

```
@ model bxtest. Models. AProjectList
```

```
@ {
    ViewBag.Title = "产品详细信息";
}
<h2 class="h2-css">@ViewBag.Title</h2>
<table class="table table-list" id="t-first" style="table-layout:fixed;">
<tr>
<td style="width:100px;">产品名称</td>
<td>@Model.ProjectName(@Model.ProjectCode)</td>
</tr>
<tr>
<td>代表图片</td>
<td style="text-align:center;">
<img class="img-rounded"
        src="~/ProjectImages/@Model.ImageFileName" alt="产品代表图片" />
</td>
</tr>
<tr>
<td>详细说明</td>
<td><pre style="font-size:1.2em;">@Model.AbstractContent
        </pre></td>
</tr>
<tr>
<td>检测内容</td>
<td>@Model.TestItems</td>
</tr>
<tr>
<td>适用对象</td>
<td>@Model.ForObject</td>
</tr>
<tr>
<td>服务方式</td>
<td>@Model.ServiceMode</td>
</tr>
<tr>
<td>计量单位</td>
<td>@Model.CountUnit</td>
</tr>
<tr>
```

```
<td>实际价格</td>
<td>@ Model. LastPrice</td>
</tr>
<tr>
<td>订购信息</td>
<td>
<form asp-action="OrderingBy" asp-route-id="@ Model. ProjectCode" data-ajax="true" class
="form-group-lg">
<div class="input-group">
<span class="input-group-addon">订购数量</span>
<input type="number" name="Amount" value="1" class="form-control" />
</div>
<div class="input-group">
<span class="input-group-addon">详细地址</span>
<select type="text" name="DetailAddress"
asp-items="@ ViewBag. AddressList" class="form-control" ></select>
</div>
<div class="input-group">
<span class="input-group-addon">补充说明</span>
<input type="text" name="Remark" value=""
                    class="form-control"/>
</div>
<p>
                        @ if
( String. IsNullOrEmpty( Context. Session. GetString("userid") ) )
                            {
<em class="text-danger">用户需要登录 . . . </em>
                            }
                        else
                            {
<input type="submit" value="确认订购" class="btn btn-danger"/>
                            }
</p>
</form>
</td>
</tr>
</table>
<h2 class="h2-css">功能图片</h2>
<div>@ await Component. InvokeAsync("ProjectImagesList",
```

```
new { pcode = Model. ProjectCode })</div>
<h2 class="h2-css">客户评价</h2>
<div>@ await Component. InvokeAsync("ValuationList",
new { pcode = Model. ProjectCode })</div>
```

代码实现的功能包括产品详细内容显示、订单填写表单、相关宣传图片显示、用户评价内容显示,其中,宣传图片显示、用户评价内容显示是通过视图控件(ViewComponent)技术实现。视图运行后的界面如图 5-15 所示。

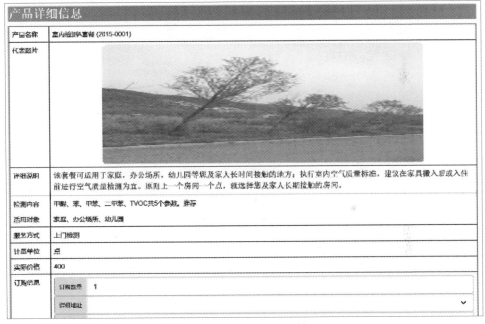

图 5-15 产品详细内容视图运行界面

运行界面提供了订单填写确认功能。

5.4.4 订单填写确认

在产品详细页面,提供了表单,用以订单数据项目的填写,并通过"确认订购"功能提交,即可完成订单订购任务。完成订单数据记录的方法是"",具体代码内容如下:

```
/// <summary>
/// 客户订单处理
/// </summary>
```

```csharp
/// <param name="ic">表单变量集合</param>
/// <param name="ms">短信发送对象</param>
/// <returns></returns>
public async Task<IActionResult> OrderingBy(string id, IFormCollection ic)
{
    string uid = HttpContext.Session.GetString("userid");
    if (string.IsNullOrEmpty(uid))
    {
        return Content("alert(\"没有用户登录...\")",
                "application/x-javascript");
    }

        var prd = await db.AProjectLists.FindAsync(id);
        AOrderList rd = new AOrderList();
        rd.ProjectCode = id;
        rd.CountUnit = prd.CountUnit;
        rd.UnitPrice = prd.UnitPrice;
        rd.DiscountRate = prd.DiscountRate;
        rd.Amount = Convert.ToInt32(ic["Amount"]);
        rd.DetailAddress = ic["DetailAddress"];
        rd.Remark = ic["Remak"];
        rd.UserId = uid;//订单用户
        rd.UnitCode
HttpContext.Session.GetString("unitcode") ?? String.Empty;//订单检测单位
        rd.OrderStatusCode = "A";//未付款
        string msg = "";
        try
        {
            await db.AOrderList.AddAsync(rd);
            await db.SaveChangesAsync();
            var urd = await db.KUserLists.FindAsync(uid);
            msg = $"产品订购成功,订单号为\"{rd.OrderCode}\"!";
            await ms.SendSmsAsync(urd.HandPhone, msg);//短信通知
        }
        catch
        {
            msg = "产品订购失败...";
        }
        return Content($"alert(\"{msg}\")", "application/x-javascript");
```

订单数据记录成功后，有两种方式通知用户：一个通过 javascript 即时显示；二是通过短信通知。

产品详细页面显示的订单填写表单界面如图 5-16 所示。

订购信息	订购数量	1
	详细地址	
	补充说明	
	确认订购	

图 5-16　订单数据填写表单界面

"确认订购"功能只在用户登录状态下才显示。

5.4.5　宣传图片显示视图组件

视图组件，ViewComponent，是此次版本新加的功能，类似于以前的用户控件，可代替 MVC 中分部视图，实现页面上局部内容的更新显示。ViewComponent 的工作过程类似于控制器 Controller，即方法—视图模式。

在项目目录下建立 "ViewComponents" 目录，用以存储视图控件类文件，在 Views 目录下对应的目录中，比如 ProjectLists（产品项目），建立 "Components" 目录，存储相应的视图组件方法所使用的组件视图。

宣传图片显示的视图组件名为 "ProjectImagesList"，对应的视图文件是 "Default"，默认视图名称，存储于目录 "Views/ProjectLists/Components/ProjectImageList" 中。

视图组件 "ProjectImagesList" 的代码内容如下：

```
using bxtest. Models;
using Microsoft. AspNetCore. Hosting;
using Microsoft. AspNetCore. Mvc;
using System. IO;
using System. Linq;
namespace bxtest. ViewComponents
{
```

```
public class ProjectImagesList : ViewComponent
{
    private readonly BxtestDbContext db;
    private readonly IHostingEnvironment ihost;
    public ProjectImagesList( BxtestDbContext dbc, IHostingEnvironment ih)
    {
        db = dbc;
        ihost = ih;
    }
    public IViewComponentResult Invoke( string pcode)
    {
        string fpath = Path. Combine( ihost. WebRootPath,
            $ "ProjectImages\\{ pcode}");
        if( ! Directory. Exists( fpath))
        {
            Directory. CreateDirectory( fpath);
        }
        FileInfo[ ]rds = new DirectoryInfo( fpath). GetFiles( );
        ViewBag. pcode = pcode;
        return View( rds. ToList( ) );
    }
}
```

视图组件类继承 ViewComponent 类，除构造函数外，只有一个方法，名称是 "Invoke"，返回视图类型为 "IViewComponentResult"。

方法对应的视图文件名称是 "Default. cshtml"，代码内容如下：

```
@ using System. IO;
@ model IEnumerable<FileInfo>
<table class="table table-condensed text-center" style="table-layout:fixed;">
    @ foreach ( var item in Model)
    {
<tr>
<td><img src="~/ProjectImages/@ ViewBag. pcode/@ item. Name
style="max-width:90%;" class="img-rounded" /></td>
</tr>
```

```
                }
            </table>
```

视图组件在父页面中的调用命令如下：

```
<div>@ await Component. InvokeAsync("ProjectImagesList",
new { pcode = Model. ProjectCode } )</div>
```

视图运行界面如图 5-17 所示。

图 5-17　宣传图片视图组件运行界面

宣传图片通过后台管理功能上传到指定的目录。

5.4.6　用户评价显示视图组件

用户评价显示视图组件类名称是"ValuationList"，具体代码内容如下：

```
using bxtest. Models;
using Microsoft. AspNetCore. Mvc;
using System. Linq;
namespace bxtest. ViewComponents
{
    public class ValuationList:ViewComponent
    {
        private readonly BxtestDbContext db;
        public ValuationList( BxtestDbContext dbc)
```

```
        {
            db = dbc;
        }
    public IViewComponentResult Invoke(string pcode)
        {
            var rds = db.AValuationList.Where(a => a.ProjectCode == pcode);
            return View(rds.ToList());
        }
    }
}
```

方法对应的视图文件名称是"Default.cshtml"，具体代码内容如下：

```
@model IEnumerable<bxtest.Models.AValuationList>
<table class="table">
    @foreach (var item in Model)
    {
<tr>
<td>@item.UserId</td>
<td>@item.ValuationContent</td>
<td>@item.CreateDate</td>
</tr>
    }
</table>
```

视图组件在父页面中的调用命令如下：

```
<div>@await Component.InvokeAsync("ValuationList",
new { pcode = Model.ProjectCode })</div>
```

运行后的界面如图 5-18 所示。

客户评价		
wgx	这是第一个评价订单	2017/4/18 9:01:03

图 5-18　用户评价视图组件运行界面

5.5　其他栏目功能实现

前台导航栏目还有新闻资讯、典型报告、案例精选、专家观点、需求留言，在此称之为"其他栏目"。其中新闻资讯、典型报告、案例精选、专家观点实现的方法和所使用的视图是相同的，其内容管理通过变量 icode 进行区别。因此，这里只说明新闻资讯栏目的实现过程。

5.5.1　新闻资讯目录浏览

新闻资讯栏目提供有关检测方面的报告，供用户查询了解。功能实现的方法在控制器"NewsListsController"类中定义。新闻资讯目录浏览的方法是"Index"，具体代码内容如下：

```
public IActionResult Index(string icode="",string iname="")
{
    if(! string. IsNullOrEmpty(icode))
    {
        HttpContext. Session. SetString("icode",icode);
    }
    if (! string. IsNullOrEmpty(iname))
    {
        HttpContext. Session. SetString("iname",iname);
    }
    icode = HttpContext. Session. GetString("icode");
    iname = HttpContext. Session. GetString("iname");
    ViewBag. Message = iname;
    var rds = db. CNewsList. Where(c => c. SiteItemCode == icode);
    return View(rds);
}
```

方法设置栏目编号和栏目名称两个变量，接受相应的值，实现内容分类检索，并通过 Session 变量进行存储。从数据库中检索记录，通过"return View(rds);"传递到视图进行列表显示。

"Index"方法对应的视图文件名称是"Index. cshtml"，具体代码内容如下：

```
@ model IEnumerable<CNewsList>
@ {
```

```
          ViewData["Title"] = ViewBag. Message;
          int i = 1;
      }
<h2 class="h2-css">@ ViewData["Title"]</h2>
<table class="table table-list">
<tr>
<th>序号</th>
<th>名称</th>
<th>时间</th>
<th>访问</th>
</tr>
      @ foreach ( var item in Model)
      {
<tr>
<td>@ (i++)</td>
<td><a asp-action="DetailContent" asp-route-id="@ item. NewsId">@ item. TitleName</a>
</td>
<td>@ item. CreateDate</td>
<td class="text-right">@ item. AccessTimes</td>
</tr>
      }
</table>
```

视图运行后的界面如图 5-19 所示。

序号	名称	时间	访问
1	如何自测家庭环境【分享】	2015/6/12 11:44:57	35
2	如何避免白血病	2015/6/12 11:49:00	18
3	GB/T18883-2002与GB50325-2010的区别	2015/8/16 19:25:57	11
4	环境和室内空气污染是致病第四第五危险因素	2015/8/21 15:25:21	7
5	室内空气检测	2015/8/21 15:25:24	18
6	室内空气检测的检测标准	2015/8/21 15:25:25	13
7	室内空气检测的背景	2015/8/21 15:25:26	17

图 5-19　监理机构管理的 Index 视图运行界面

5.5.2　新闻资讯详细内容查阅

通过基于标题的链接可以查阅对应项目的详细内容。详细内容查阅实现的方法名称是"DetailContent"，具体代码内容如下：

```
[ActionName("DetailContent")]
public async Task<IActionResult> DetailContentAsync(long id)
{
    var rd = await db.CNewsList.Include(c =>
        c.CNewsReplyLists).SingleOrDefaultAsync(c => c.NewsId == id);
    rd.AccessTimes++;
    db.CNewsList.Update(rd);
    await db.SaveChangesAsync();
    return View(rd);
}
```

相应的视图代码内容如下:

```
@model CNewsList
@{
    ViewBag.Title = Model.TitleName;
}
<h2 class="h2-css">@Model.TitleName</h2>
<div>
来源:@Model.TitleAuthor
时间:@Model.CreateDate
访问:@Model.AccessTimes
</div>
<hr />
<pre style="font-size:larger;">
<img src="~/NewsImages/@Model.ImageFileName" class="pull-left"
        width="200" height="200" style="margin:10px;"/>
    @Model.DetailContent
</pre>
<hr />
<a asp-action="Index" class="btn btn-primary glyphicon glyphicon-home">
        返回</a>
<hr />
<table class="table table-list">
    @foreach (var item in Model.CNewsReplyLists)
    {
<tr>
```

```
<td>@ item. UserId</td>
<td>@ item. ReplyContent</td>
<td>@ item. ReplyDate</td>
</tr>
        ┆
</table>
<hr />
<h3>观点或建议(200 字以内)</h3>
<form asp-action="ReplyContent">
<input name="newsid" value="@ Model. NewsId" type="hidden" />
<textarea name="reply" rows="15" class="form-control"></textarea>
<button type="submit" class="btn btn-danger glyphicon
        glyphicon-arrow-up">提交</button>
</form>
```

视图运行界面如图 5-20 所示。

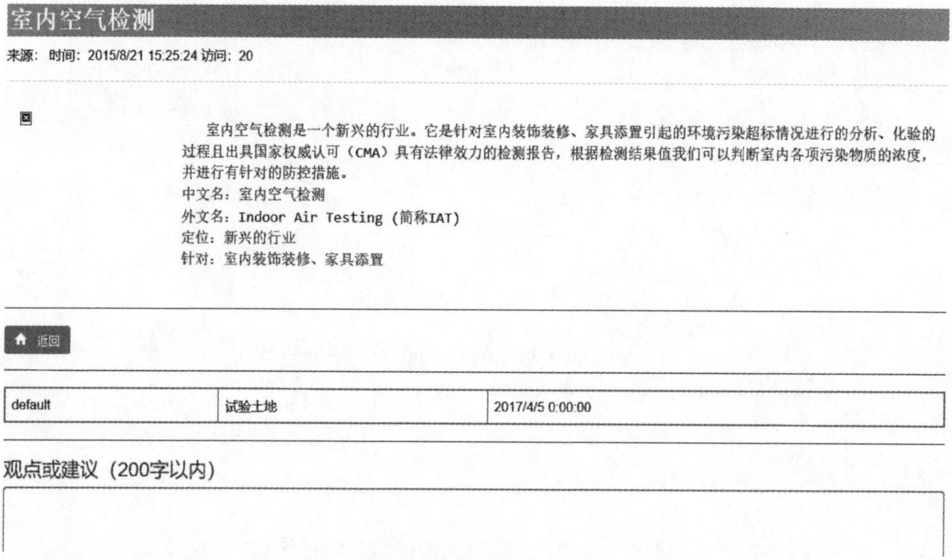

图 5-20　新闻资讯详细内容运行界面

视图内容由 3 个部分组成，即详细内容、用户观点显示和观点建议输入。

5.5.3　访问者提交建议

观点建议输入提供用户的观点和建议输入功能，并通过"提交"命令实现上传。"提交"命令对应的方法名称是""ReplyContent",具体实现代码内容如下：

```
[ActionName("ReplyContent")]
public async Task<IActionResult> ReplyContentAsync(string reply = "",
                long newsid = 0)
{
    CNewsReplyList rd = new CNewsReplyList();
    rd. ReplyContent = reply;
    rd. NewsId = newsid;
    rd. UserId = HttpContext. Session. GetString("userid");
    if (string. IsNullOrEmpty(rd. UserId)) rd. UserId = "geust";
    rd. ReplyDate = DateTime. Now;
    await db. CNewsReplyList. AddAsync(rd);
    await db. SaveChangesAsync();
    var rd1 = db. CNewsList. Include(c =>
c. CNewsReplyLists). SingleOrDefault(c => c. NewsId == newsid);
    return RedirectToAction("DetailContent",new { id = newsid });
}
```

其功能是存储用户观点建议内容到数据库。

5.5.4 需求留言

需求留言栏目提供用户需求的查阅和需求的提交功能，功能实现的方法在控制器"BNeedListsController"类中定义，其中"Index"是记录检索列表显示方法，具体代码内容如下：

```
public async Task<IActionResult> Index(int pageIndex=0,int pageSize=0)
{
    if(pageIndex==0)
    {
        pageIndex = HttpContext. Session. GetInt32("pageIndex") == null ?
            1:(int)HttpContext. Session. GetInt32("pageIndex");
    }
    if (pageSize == 0)
    {
        pageSize = HttpContext. Session. GetInt32("pageSize") == null ?
```

```
                    15:(int)HttpContext. Session. GetInt32("pageSize");
        }
        HttpContext. Session. SetInt32("pageIndex",pageIndex);
        HttpContext. Session. SetInt32("pageSize",pageSize);
        ViewBag. pageIndex = pageIndex;
        ViewBag. pageSize = pageSize;
        ViewBag. Message =
            String. IsNullOrEmpty( HttpContext. Session. GetString("userid") ) ?
                "没有登录用户":HttpContext. Session. GetString("userid");
        var rds = _context. BNeedList. OrderByDescending( b => b. CreateDate)
                . Include( b => b. KUserList)
                . Include( b => b. BNeedReplyList);
        return View( await rds. ToPagedListAsync( pageSize,pageIndex) );
    }
```

　　方法有两个整形变量参数，一个是 pageIndex，记录当前页，一个是 pageSize，记录每页显示的记录个数，这是记录分页显示的两个基本参数。通过 Session 变量对其进行存储，保证检索记录时值的存在。Include 短语实现相关实体记录内容的延迟加载，便于在需要时使用。ToPagedListAsync 方法实现记录的分页检索结果，使用 ToPagedListAsync，需要引入类库 Sakura. AspNetCore。

　　"Index" 方法对应的视图文件名称是 "Index. cshtml"，具体代码内容如下：

```
@ using Sakura. AspNetCore
@ model IPagedList<bxtest. Models. BNeedList>
@ {
    ViewData["Title"] = "客户需求";
}
<h2>@ ViewData["Title"]</h2>
<form asp-action="Index">
<div class="input-group">
<span class="input-group-addon">当前页码</span>
<input type="text" name="pageIndex"
        class="form-control" value="@ ViewBag. pageIndex" />
<span class="input-group-addon">每页行数</span>
<input type="text" name="pageSize"
        class="form-control" value="@ ViewBag. pageSize" />
<span class="input-group-btn">
```

```
<input type="submit" value="确定" class="btn btn-primary
            form-control" />
</span>
</div>
</form>
<table class="table table-list" id="nlist">
<tr>
<th>
            @Html.DisplayNameFor(model => model.First().NeedId)
</th>
<th>
            @Html.DisplayNameFor(model => model.First().NeedTitle)
</th>
<th>
            @Html.DisplayNameFor(model => model.First().CreateDate)
</th>
<th>
            @Html.DisplayNameFor(model => model.First().UserId)
</th>
<th>
回复数量
</th>
<th></th>
</tr>
    @foreach (var item in Model)
    {
<tr>
<td>
            @Html.DisplayFor(modelItem => item.NeedId)
</td>
<td>
            @Html.DisplayFor(modelItem => item.NeedTitle)
</td>
<td>
            @Html.DisplayFor(modelItem => item.CreateDate)
</td>
<td>
            @Html.DisplayFor(modelItem => item.UserId)
```

```
</td>
<td>
                    @item.BNeedReplyList.Count()
</td>
<td>
<a href="#" title="@item.NeedTitle"
                    data-content="@item.NeedContent">详细内容</a>
</td>
</tr>
    ┆
</table>
<ul class="pagination">
<pager bootstrap-toggle-modal="true" generation-mode="ListOnly" />
<li><a href="#">总行数:@Model.TotalCount</a></li>
<li><a href="#">总页数:@Model.TotalPage</a></li>
<li><a href="#">页行数:@Model.PageSize</a></li>
<li><a href="#">当前页:@Model.PageIndex</a></li>
</ul>
<form asp-action="Create" data-ajax="true">
<div class="input-group">
<span class="input-group-addon">需求标题</span>
<input class="form-control" type="text" data-val="true"
                data-val-required="需求标题内容不能为空..."
                    id="ntitle" name="ntitle" placeholder="需求标题..." />
</div>
<div class="text-danger field-validation-valid"
            data-valmsg-for="ntitle" data-valmsg-replace="true"></div>
<div class="input-group">
<span class="input-group-addon">详细说明</span>
<textarea type="text" class="form-control" id="dcontent"
                name="dcontent" rows="10" data-val="true"
                    data-val-required="详细说明内容不能为空..."
            placeholder="详细说明..."></textarea>
</div>
<div class="text-danger field-validation-valid"
            data-valmsg-for="dcontent" data-valmsg-replace="true"></div>
<button type="submit" class="btn btn-danger">新增需求提交
```

```
        (请谨慎使用)</button>
    </form>
    @ section Scripts {
        @ {await Html. RenderPartialAsync("_ValidationScriptsPartial");}
    }
    <script type="text/javascript">
        $ (document). ready(function () {
            $ ("#nlist a"). click(function () {
                $ ("#ntitle"). val( $ (this). attr("title"));
                $ ("#dcontent"). val( $ (this). attr("data-content"));
            })
        })
    </script>
```

视图运行后的界面如图 5-21 所示。

客户需求

当前页码	3			每页行数	5		确定
记录号	需求题目		建立日期	需求用户	回复数量		
4	新家具检测		2017-07-03	wgx11	0		详细内容
5	人与食物关系检测		2017-07-03	wgx11	0		详细内容
1	家庭装修检测		2017-06-30	wgx1	3		详细内容

第一页　上一页　1　2　**3**　下一页　最后页　总行数: 13　总页数: 3　页行数: 5　当前页: 3

需求标题	需求标题...
详细说明	详细说明...

新增需求提交 (请谨慎使用)

图 5-21　用户需求视图运行界面

通过每页行数输入框改变每页显示的行数，通过详细内容链接的 javascript 代码实现详细内容在详细显示区的显示。

新的用户需求详细内容提交通过"提交"命令实现，对应的方法名称是"Create"，具体代码内容如下：

```
[ActionName("Create")]
public async Task<IActionResult> CreateAsync( string ntitle = null,s
        tring dcontent = null)
```

```
{
    string uid = HttpContext. Session. GetString("userid");
    if (String. IsNullOrEmpty(uid))
    {
        ViewBag. Message = "没有登录用户";
        return Content("alert(\"没有登录用户\")",
        "application/x-javascript");
    }
    if (String. IsNullOrEmpty(ntitle) || String. IsNullOrEmpty(dcontent))
    {
        ViewBag. Message = "需求标题或需求内容不能为空";
        return Content("alert(\"需求标题或需求内容不能为空...\")"
            ,"application/x-javascript");
    }
    BNeedList rd = new BNeedList();
    rd. UserId = uid;
    rd. NeedTitle = ntitle;
    rd. NeedContent = dcontent;
    await _context. BNeedList. AddAsync(rd);
    await _context. SaveChangesAsync();
    return Content("alert(\"新增需求存储成功...\");history. go(0);",
            "application/x-javascript");
}
```

调用方式为 ajax，因此没有对应的视图。

本章小结

本章说明平台前台所有功能实现的方法代码内容，并通过实例，介绍了 TagHelpert、视图组件 ViewComponent 和分部视图 PartailView 的应用技术。

6 后台功能设计与实现

扫码获取代码
和数据库

环境检测信息服务平台的功能由前台和后台管理两个部分组成。前台功能实现所需要的控制器和视图分别位于项目目录下的"Controllers"和"Views",后台管理功能实现所需要的控制器和视图位于区域目录"Areas"下相应的子目录中。

后台功能设计实现包括后台布局、产品项目管理、产品订单管理、前台栏目内容管理、系统系统用户管理、检测单位档案管理、咨询活动发布记录管理模块。设计实现的模式和方法有相通之处,因此选择部分功能模块加以说明。

本章内容介绍后台功能的设计开发与实现,其主要内容包括:

6.1　后台布局页面设计与实现

6.2　产品项目管理功能实现

6.3　产品订单管理设计实现

6.4　栏目内容管理功能设计实现

6.1　后台布局页面设计与实现

后台布局页面主要用来展示后台管理功能导航,利用 Bootstrap 架构下的<nav>标签实现。页面的文件名称是"_AdminLayout. cshtml",存储于项目目录 Views/Shared。

后台管理功能实现所需要的控制器和对应的视图分别存储于 Areas 目录下对应的子目录中,例如,"产品项目"管理功能实现所需要的控制器和对应的视图存储于"Areas/AArea/Controllers"和"Areas/AArea/Views",并且在每个 Views目录下有两个文件,分别为"_ViewImports. cshtml"和"_ViewStart. cshtml"。

(1) _ViewImports. cshtml:引入视图设计和运行时所需要的类库。

(2) _ViewStart. cshtml:定义视图的布局视图。

6.1.1　后台管理功能模块

后台管理功能模块包括"产品项目""订单管理""栏目管理""系统管理"

"数据管理"和"咨询管理"6个一级功能模块，每个功能模块下又设计若干个子功能模块。

一级功能模块的编号使用一位大写英文字母表示，例如"产品项目"功能模块的编号为"A"，"订单管理"的功能模块编号为"B"，以此类推。一级功能模块的名称与编号的对应关系见表 6-1。

表 6-1 一级功能模块编号名称对照表

功能编号	功能名称	说　明
A	产品项目	有关产品项目的增加、类别管理等
B	订单管理	客户订单信息管理
C	栏目管理	前台栏目及内容管理
K	系统管理	包括用户、角色等管理
L	数据管理	包括检测单位等管理功能
F	咨询管理	有关活动、用户参与、视频等

子功能的调用通过下拉式菜单或主页上选取实现。

6.1.2　后台布局页

后台布局页用于显示后台功能导航，文件名称为"_AdminLayout. cshtml"，存储于项目目录"Views/Shared"中，其代码内容如下：

```
<! DOCTYPE html>
<html>
<head>
<meta charset="utf-8" />
<meta name="viewport" content="width=device-width, initial-scale=1.0" />
<title>@ ViewData["Title"]-百姓检测系统</title>
<link rel="stylesheet" href="~/lib/bootstrap/dist/css/bootstrap. css" />
<link rel="stylesheet" href="~/css/site. css" />
<script src="~/lib/jquery/dist/jquery. js"></script>
<script src="~/lib/bootstrap/dist/js/bootstrap. js"></script>
<script src="~/lib/Microsoft. jQuery. Unobtrusive. Ajax/jquery. unobtrusive-ajax. min. js"></script>
<script src="~/js/site. js" asp-append-version="true"></script>
</head>
<body id="body-admin">
<div class="container">
```

```
<div class="row">
<div class="col-lg-4">
<a asp-area="Admin" asp-controller="Home"
                   asp-action="Index">
<img src="~/images/bxjclogo.png" />
</a>
</div>
<div class="col-lg-4">
<a asp-area="Admin" asp-controller="Home"
                asp-action="Index">系统数据管理</a>
</div>
<div class="col-lg-4">
                @Context.Session.GetString("userid")
                @DateTime.Today.ToString("yyyy-MM-dd")
</div>
</div>
</div>
<nav class="navbar navbar-inverse" role="navigation">
<div class="container">
<div class="navbar-header">
<button type="button" class="navbar-toggle"
        data-toggle="collapse" data-target="#ctba-mainmenu">
<span class="sr-only">切换导航</span>
<span class="icon-bar"></span>
<span class="icon-bar"></span>
<span class="icon-bar"></span>
</button>
</div>
<div class="collapse navbar-collapse" id="ctba-mainmenu">
<ul class="nav navbar-nav">
<li class="dropdown">
<a href="#" class="dropdown-toggle"
                   data-toggle="dropdown">
产品项目<b class="caret"></b>
</a>
<ul class="dropdown-menu">
<li><a asp-area="AArea"
asp-controller="AProjectLists" asp-action="Index">产品项目管理</a></li>
```

```
<li><a asp-area="AArea"
asp-controller="AProjectClassLists" asp-action="Index">产品项目类别</a>
</li>
</ul>
</li>
<li class="dropdown">
<a href="#" class="dropdown-toggle" d
                            ata-toggle="dropdown">
订单管理<b class="caret"></b>
</a>
<ul class="dropdown-menu">
<li><a asp-area="AArea"
asp-controller="AOrderLists" asp-action="Index">用户订单管理</a></li>
<li><a asp-area="AArea"
asp-controller="AOrderStatusLists" asp-action="Index">订单状态管理</a>
</li>
<li><a asp-area="AArea"
asp-controller="AlipayResultLists" asp-action="Index">订单支付管理</a>
</li>
<li><a asp-area="LArea"
asp-controller="LTestReportLists" asp-action="Index">订单检测报告</a>
</li>
</ul>
</li>
<li class="dropdown">
<a href="#" class="dropdown-toggle" d
                            ata-toggle="dropdown">
栏目管理<b class="caret"></b>
</a>
<ul class="dropdown-menu">
<li><a asp-area="CArea"
asp-controller="CSiteItemLists" asp-action="Index">网站栏目管理</a></li>
<li><a asp-area="CArea"
asp-controller="CNewsLists" asp-action="Index">新闻资讯管理</a></li>
<li><a asp-area="CArea"
asp-controller="CNewsReplyLists" asp-action="Index">查阅用户回复</a></li>
<li><a asp-area="CArea"
asp-controller="CAreaLists" asp-action="Index">行政区划管理</a></li>
```

```
</ul>
</li>
<li class="dropdown">
<a href="#" class="dropdown-toggle"
data-toggle="dropdown">
系统管理<b class="caret"></b>
</a>
<ul class="dropdown-menu">
<li><a asp-area="KArea"
asp-controller="KUserLists" asp-action="Index">系统用户管理</a></li>
<li><a asp-area="KArea"
asp-controller="KGroupLists" asp-action="Index">系统角色管理</a></li>
<li><a asp-area="KArea"
asp-controller="KFunLists" asp-action="Index">系统功能管理</a></li>
<li><a asp-area="KArea"
asp-controller="KAccessLists" asp-action="Index">系统访问记录</a></li>
<li><a asp-area="KArea"
asp-controller="KUserLoginLists" asp-action="Index">用户登录记录</a></li>
<li><a asp-area="KArea"
asp-controller="KUserLists" asp-action="ResetPassword">重置用户密码</a>
</li>
</ul>
</li>
<li class="dropdown">
<a href="#" class="dropdown-toggle"
                     data-toggle="dropdown">
数据管理<b class="caret"></b>
</a>
<ul class="dropdown-menu">
<li><a asp-area="LArea"
asp-controller="LUnitLists" asp-action="Index">检测单位管理</a></li>
<li><a asp-area="LArea"
asp-controller="LDistrictLists" asp-action="Index">地区目录管理</a></li>
<li><a asp-area="LArea"
asp-controller="LUnitTypeLists" asp-action="Index">检测单位类型</a></li>
<li><a asp-area="LArea"
asp-controller="LUnitStatusLists" asp-action="Index">检测单位状态</a></li>
<li><a asp-area="LArea"
```

```
asp-controller="LUnitLoginLists" asp-action="Index">单位登录管理</a></li>
<li><a asp-area="LArea"
asp-controller="LUnitLists" asp-action="ResetPassword">重置单位密码</a>
</li>
</ul>
</li>
<li class="dropdown">
<a href="#" class="dropdown-toggle"
                              data-toggle="dropdown">
咨询管理<b class="caret"></b>
</a>
<ul class="dropdown-menu">
<li><a asp-area="BArea"
asp-controller="BActionLists" asp-action="Index">活动项目管理</a></li>
<li><a asp-area="BArea"
asp-controller="BActionUserLists" asp-action="Index">用户参与活动</a>
</li>
<li><a asp-area="AArea"
asp-controller="AVideoClassLists" asp-action="Index">视频类别管理</a>
</li>
<li><a asp-area="KArea"
asp-controller="KUserAddressLists" asp-action="Index">用户地址管理</a>
</li>
<li><a asp-area="BArea"
asp-controller="BActionUserLists" asp-action="ActionSign">活动现场签到</a></li>
<li><a asp-area="BArea"
asp-controller="BNeedLists" asp-action="Index">客户需求管理</a></li>
</ul>
</li>
<li>
<a asp-area="" asp-controller="Home"
asp-action="Index">前台</a>
</li>
</ul>
</div>
</div>
</nav>
<div class="container body-content">
```

```
        @RenderBody()
</div>
<footer style="border-top:4px solid red;margin-top:10px;">
<div class="container">
<p>&copy;@DateTime.Today.Year - 百姓检测系统后台管理</p>
</div>
</footer>
        @RenderSection("scripts",required:false)
</body>
</html>
```

代码功能说明：

（1）引入所需要的 js 文件。在布局页中通过<script src='js 文件名'>引入所需要的 js 文件，以后在设计运行其他子页面时可以直接使用而不用多次引入，这是布局页所提供的"一次引入、多处共用"的特性。

（2）引入需要的 css 文件。层叠样式文件在此通过<link href='css 文件名'>，同理，css 文件也是一次引入，在以此为布局页的子页面中则不再引入即可使用。

（3）显示菜单。菜单提供功能导航，利用<nav>标签实现。这里引用了 Bootstrap 框架的 css，以实现下拉式的菜单显示方式。

（4）定义宿主页面渲染区。"@ReanderBody（）"是宿主页面（子页面）渲染方法，以显示不同的页面内容，这是 ASP.NET MVC 布局页面的特有属性。有了此功能，只要开发不同内容的子页面，定义其布局页面引用此布局页面即可统一布局格式。

6.1.3 导航菜单实现说明

后台功能导航是利用 Bootstrap 的导航栏标签<nav>实现，导航栏是一个灵活的菜单显示功能，是基于 Bootstrap 框架的网站的一个突出特点，作为导航页头的响应式基础组件，导航栏在移动设备的视图中是折叠的，随着可用视窗口宽度的增加，导航栏也会水平展开。在 Bootstrap 导航栏的核心中，导航栏包括了站点名称和基本的导航定义样式。

导航栏加入了"class="navbar navbar-inverse""属性，其作用是渲染一个反色的导航栏，即黑底白字样式；通过"<ul><li>"无序列表标签实现二级菜单的层次排列；通过 class="dropdown-toggle"、data-toggle="dropdown"属性实现子菜单的动态展开和收缩。导航菜单运行显示效果如图 6-1 所示。

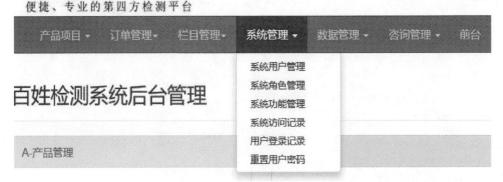

图 6-1 后台功能导航菜单运行效果图

6.1.4 后台起始页面

起始页面是其他功能页面的入口页面，也是各功能页面返回的原始页面。起始页面显示系统后台功能入口链接，并作为统一接口串联系统为一体。实现起始页面管理功能的控制器是"AdminController"，存储于"Areas/Admin/Controllers"，其中只有一个方法"Index"，其代码内容如下：

```
using Microsoft. AspNetCore. Mvc;
namespace bxtest. Areas. Admin. Controllers
{
    [Area("Admin")]
    public class HomeController:Controller
    {
        public IActionResult Index()
        {
            return View();
        }
    }
}
```

相应的视图内容如下：

```
@ {
```

```
            ViewData["Title"] = "百姓检测系统后台管理";
    }
    <h2>@ViewData["Title"]</h2>
    <hr />
    <div class="row">
    <div class="col-lg-4">
    <div class="panel panel-success">
    <div class="panel-heading">
                    A-产品管理
    </div>
    <div class="panel-body">
    <ul>
    <li><a asp-area="AArea" asp-controller="AProjectLists"
    asp-action="Index">产品项目管理</a></li>
    <li><a asp-area="AArea"
    asp-controller="AProjectClassLists" asp-action="Index">产品项目类别</a>
    </li>
    </ul>
    </div>
    </div>
    </div>
    <div class="col-lg-4">
    <div class="panel panel-danger">
    <div class="panel-heading">
                    B-订单管理
    </div>
    <div class="panel-body">
    <ul>
    <li><a asp-area="AArea" asp-controller="AOrderLists"
    asp-action="Index">用户订单管理</a></li>
    <li><a asp-area="AArea"
    asp-controller="AOrderStatusLists" asp-action="Index">订单状态管理</a>
    </li>
    <li><a asp-area="AArea"
    asp-controller="AlipayResultLists" asp-action="Index">订单支付管理</a>
    </li>
    <li><a asp-area="LArea"
    asp-controller="LTestReportLists" asp-action="Index">订单检测报告</a>
```

```
</li>
</ul>
</div>
</div>
</div>
<div class="col-lg-4">
<div class="panel panel-info">
<div class="panel-heading">
                C-栏目管理
</div>
<div class="panel-body">
<ul>
<li><a asp-area="CArea" asp-controller="CSiteItemLists"
asp-action="Index">网站栏目管理</a></li>
<li><a asp-area="CArea" asp-controller="CNewsLists"
asp-action="Index">新闻资讯管理</a></li>
<li><a asp-area="CArea"
asp-controller="CNewsReplyLists" asp-action="Index">查阅用户回复</a></li>
<li><a asp-area="CArea" asp-controller="CAreaLists"
asp-action="Index">行政区划管理</a></li>
</ul>
</div>
</div>
</div>
<hr />
<div class="row">
<div class="col-lg-4">
<div class="panel panel-default">
<div class="panel-heading">
                K-系统管理
</div>
<div class="panel-body">
<ul>
<li><a asp-area="KArea" asp-controller="KUserLists"
asp-action="Index">系统用户管理</a></li>
<li><a asp-area="KArea" asp-controller="KGroupLists"
asp-action="Index">系统角色管理</a></li>
```

```html
<li><a asp-area="KArea" asp-controller="KFunLists"
asp-action="Index">系统功能管理</a></li>
<li><a asp-area="KArea" asp-controller="KAccessLists"
asp-action="Index">系统访问记录</a></li>
<li><a asp-area="KArea"
asp-controller="KUserLoginLists" asp-action="Index">用户登录记录</a></li>
<li><a asp-area="KArea" asp-controller="KUserLists"
asp-action="ResetPassword">重置用户密码</a></li>
</ul>
</div>
</div>
</div>
<div class="col-lg-4">
<div class="panel panel-success">
<div class="panel-heading">
            L-数据管理
</div>
<div class="panel-body">
<ul>
<li><a asp-area="LArea" asp-controller="LUnitLists"
asp-action="Index">检测单位管理</a></li>
<li><a asp-area="LArea" asp-controller="LDistrictLists"
asp-action="Index">地区目录管理</a></li>
<li><a asp-area="LArea" asp-controller="LUnitTypeLists"
asp-action="Index">检测单位类型</a></li>
<li><a asp-area="LArea"
asp-controller="LUnitStatusLists" asp-action="Index">检测单位状态</a></li>
<li><a asp-area="LArea"
asp-controller="LUnitLoginLists" asp-action="Index">单位登录退出</a></li>
<li><aasp-area="LArea" asp-controller="LUnitLists"
asp-action="ResetPassword">重置单位密码</a></li>
</ul>
</div>
</div>
</div>
<div class="col-lg-4">
<div class="panel panel-danger">
<div class="panel-heading">
```

```
                    F-咨询管理
</div>
<div class="panel-body">
<ul>
<li><a asp-area="BArea" asp-controller="BActionLists"
asp-action="Index">活动项目管理</a></li>
<li><a asp-area="BArea"
asp-controller="BActionUserLists" asp-action="Index">用户参与活动</a></li>
<li><a asp-area="AArea"
asp-controller="AVideoClassLists" asp-action="Index">视频类别管理</a></li>
<li><a asp-area="KArea"
asp-controller="KUserAddressLists" asp-action="Index">用户地址管理</a>
</li>
<li><a asp-area="BArea"
asp-controller="BActionUserLists" asp-action="ActionSign">活动现场签到
</a></li>
<li><a asp-area="BArea" asp-controller="BNeedLists"
asp-action="Index">客户需求管理</a></li>
</ul>
</div>
</div>
</div>
```

页面内容排列使用了 Bootstrap 框架中的 panel 样式。此处导航与菜单导航互为补充。

6.2 产品项目管理功能实现

产品项目管理功能包括产品项目管理、产品项目类别管理、产品项目评价管理、宣传画册管理等，其中产品项目评价和宣传画册管理功能基于产品项目记录进行调用。功能实现所需要的控制器和视图存储于"Areas/AArea/"目录中，对应的数据模型"AprojectList"，其内容定义在类文件"AModels.cs"中。

6.2.1 产品项目管理控制器

产品项目管理功能实现的控制器是"AProjectListsController"，对应的文件存储于目录"Areas/AArea/Controllers"，其代码内容如下：

```csharp
using bxtest.Models;
using Microsoft.AspNetCore.Hosting;
using Microsoft.AspNetCore.Http;
using Microsoft.AspNetCore.Mvc;
using Microsoft.AspNetCore.Mvc.Rendering;
using Microsoft.EntityFrameworkCore;
using System;
using System.Collections.Generic;
using System.IO;
using System.Linq;
using System.Threading.Tasks;
namespace bxtest.Areas.AArea.Controllers
{
    [Area("AArea")]
    public class AProjectListsController:Controller
    {
        private readonly BxtestDbContext _context;
        private readonly IHostingEnvironment ihost;
        private readonly AppService apps=new AppService();
        /// <summary>
        /// 构造函数注入定义类变量
        /// </summary>
        /// <param name="context">数据库连接上下文</param>
        /// <param name="ih">系统环境信息变量</param>
        public AProjectListsController(BxtestDbContext context,
IHostingEnvironment ih)
        {
            _context = context;
            ihost = ih;
        }
        /// <summary>
        /// 代码验证
        /// </summary>
        /// <param name="projectCode">主键名称</param>
        /// <returns>Json(true/false)</returns>
        public IActionResult CodeValidate(string projectCode)
        {
            var rd = _context.AProjectLists.Find(projectCode);
```

```
                    if (rd == null) return Json(true);
                    else return Json(false);
            }
            // GET:AArea/AProjectLists
            public async Task<IActionResult> Index(int pageIndex = 1,
int pageSize = 15)
            {
                //分页参数
                var pagingOption = new MyPagingOption
                {
                    PageIndex = pageIndex,
                    PageSize = pageSize,
                    Total = await _context.AProjectLists.CountAsync(),
                    RouteUrl = "/AArea/AProjectLists/IndexPagingPartial",
                    UpdateTarget = "list"
                };
                HttpContext.Session.SetString("pcode","");
                HttpContext.Session.SetString("pname","");
                HttpContext.Session.SetString("pclass","");
                HttpContext.Session.SetInt32("pageIndex",pageIndex);
                HttpContext.Session.SetInt32("pageSize",pageSize);
                ViewBag.pclass =
new SelectList(_context.AProjectClassLists,"PClassCode","PClassName");
                //分页参数
                ViewBag.pagingOption = pagingOption;
                ViewBag.ModelName =
apps.GetModelDisplayName(typeof(AProjectList));
                var rds = _context.AProjectLists
                    .Include(a => a.AProjectClassList)
                    .Include(a => a.KUserList);
                return View(await rds.OrderByDescending(a=>a.BeginDate)
                    .Skip((pagingOption.PageIndex-1) * pagingOption.PageSize)
                    .Take(pagingOption.PageSize)
                    .ToListAsync());
            }
            // GET:AArea/AProjectLists/分页实现
            public async Task<IActionResult> IndexPagingPartial(
                string pcode = null, string pname = null, string pclass = null,
```

```
                    int pageIndex = 0, int pageSize = 0)
        {
                if (pcode == null)
pcode = HttpContext. Session. GetString("pcode");
                if (pname == null)
pname = HttpContext. Session. GetString("pname");
                if (pclass == null)
pclass = HttpContext. Session. GetString("pclass");
                if (pageIndex == 0)
pageIndex = (int) HttpContext. Session. GetInt32("pageIndex");
                if (pageSize == 0)
pageSize = (int) HttpContext. Session. GetInt32("pageSize");
                HttpContext. Session. SetString("pcode", pcode);
                HttpContext. Session. SetString("pname", pname);
                HttpContext. Session. SetString("pclass", pclass);
                HttpContext. Session. SetInt32("pageIndex", pageIndex);
                HttpContext. Session. SetInt32("pageSize", pageSize);
                var pagingOption = new MyPagingOption
                {
                    PageIndex = pageIndex,
                    PageSize = pageSize,
                    Total = await _context. AProjectLists. CountAsync(),
                    RouteUrl = "/AArea/AProjectLists/IndexPagingPartial",
                    UpdateTarget ="list"
                };
                //分页参数
                ViewBag. pagingOption = pagingOption;
                var rds = _context. AProjectLists. Where( a =>
ProjectCode. Contains( pcode) && a. ProjectName. Contains( pname)
&& a. PClassCode. Contains( pclass))
                    . OrderByDescending( b => b. ProjectCode)
                    . Skip(( pagingOption. PageIndex - 1) * pagingOption. PageSize)
                    . Take( pagingOption. PageSize)
                    . Include( a => a. AProjectClassList)
                    . Include( a => a. KUserList);
                return PartialView( await rds. ToListAsync());
        }
        // GET:AArea/AProjectLists/检索实现
```

```csharp
[HttpPost]
public async Task<IActionResult> IndexQueryPartial(
        string pcode,string pname,string pclass)
{
        if ( ! String. IsNullOrEmpty( pcode))
HttpContext. Session. SetString("pcode",pcode);
        if ( ! String. IsNullOrEmpty( pname))
HttpContext. Session. SetString("pname",pname);
        if ( ! String. IsNullOrEmpty( pclass))
HttpContext. Session. SetString("pclass",pclass);
        pcode = HttpContext. Session. GetString("pcode");
        pname = HttpContext. Session. GetString("pname");
        pclass = HttpContext. Session. GetString("pclass");
        var rds = _context. AProjectLists
            . Where( a=>a. PClassCode. Contains( pclass))
            . Include( a => a. AProjectClassList)
            . Include( a => a. KUserList);
        var rds1 = rds. Where( a => a. ProjectCode. Contains( pcode)
&& a. ProjectName. Contains( pname) && a. PClassCode. Contains( pclass));
        ViewBag. Message = pcode + pname + pclass;
        return PartialView( await rds1. ToListAsync( ));
}
// GET:AArea/AProjectLists/Details/5
public async Task<IActionResult> Details(string id)
{
        var aProjectList = await _context. AProjectLists
            . Include( a => a. AProjectClassList)
            . Include( a => a. KUserList)
            . SingleOrDefaultAsync( m => m. ProjectCode == id);
        return View( aProjectList);
}
// GET:AArea/AProjectLists/Create
public IActionResult Create( )
{
        ViewData["PClassCode"] =
new SelectList( _context. AProjectClassLists,"PClassCode","PClassName");
        ViewBag. Message = "新增...";
        var rd = new AProjectList( );
```

```
            rd. UserId = HttpContext. Session. GetString("userid") ?? "wgx61";
            return View(rd);
        }

        // POST：AArea/AProjectLists/Create
        [HttpPost]
        [ValidateAntiForgeryToken]
        public async Task<IActionResult> Create(AProjectList aProjectList)
        {
            if (ModelState. IsValid)
            {
                try
                {
                    _context. Add(aProjectList);
                    await _context. SaveChangesAsync();
                    ViewBag. Message = "存储成功...";
                }
                catch(DbUpdateConcurrencyException ee)
                {
                    ViewBag. Message = "存储失败..."+ee. Message;
                }
                //return RedirectToAction("Index");
            }
            else
            {
                ViewBag. Message = "新增存储失败...";
            }
            ViewData["PClassCode"] =
new SelectList(_context. AProjectClassLists,"PClassCode","PClassName",
aProjectList. PClassCode);
            return View(aProjectList);
        }
        // GET：AArea/AProjectLists/Edit/5
        public async Task<IActionResult> Edit(string id)
        {
            var aProjectList =
await _context. AProjectLists. SingleOrDefaultAsync(m => m. ProjectCode == id);
            ViewBag. Message = "编辑修改...";
            ViewData["PClassCode"] =
```

```
new SelectList(_context. AProjectClassLists,"PClassCode","PClassName",
aProjectList. PClassCode);
            return View(aProjectList);
        }
        // POST:AArea/AProjectLists/Edit/5
        [HttpPost]
        [ValidateAntiForgeryToken]
        public async Task<IActionResult> Edit(AProjectList aProjectList)
        {
            if (ModelState. IsValid)
            {
                try
                {
                    _context. Update(aProjectList);
                    await _context. SaveChangesAsync();
                    ViewBag. Message = "编辑修改存储成功...";
                }
                catch (DbUpdateConcurrencyException)
                {
                    ViewBag. Message = "编辑修改存储失败...";
                }
                //return RedirectToAction("Index");
            }
            else
            {
                ViewBag. Message = "编辑修改存储失败...";
            }
            ViewData["PClassCode"] =
new SelectList(_context. AProjectClassLists,"PClassCode","PClassName",
aProjectList. PClassCode);
            return View(aProjectList);
        }
        // GET:AArea/AProjectLists/Delete/5
        public async Task<IActionResult> Delete(string id)
        {
            var aProjectList = await _context. AProjectLists
                . Include(a => a. AProjectClassList)
                . SingleOrDefaultAsync(m => m. ProjectCode == id);
```

```
            return View(aProjectList);
        }
        // POST: AArea/AProjectLists/Delete/5
        [HttpPost,ActionName("Delete")]
        [ValidateAntiForgeryToken]
        public async Task<IActionResult> DeleteConfirmed(string id)
        {
            var aProjectList =
await _context.AProjectLists.SingleOrDefaultAsync(m => m.ProjectCode == id);
            _context.AProjectLists.Remove(aProjectList);
            int x = await _context.SaveChangesAsync();
            if(x>0)
            {
                string fname =
ihost.WebRootPath + $"ProjectImages\\{id}.jpg";
                if(System.IO.File.Exists(fname))
                {
                    System.IO.File.Delete(fname);
                }
            }
            return RedirectToAction("Index");
        }

        /// <summary>
        /// 项目代表图片上传
        /// </summary>
        /// <param name="id">记录标识</param>
        /// <returns></returns>
        public IActionResult UploadImage(string id)
        {
            var rd = _context.AProjectLists.Select(a => new { a.ProjectCode,a.ProjectName,
a.ImageFileName }).FirstOrDefault(a => a.ProjectCode == id);
            ViewBag.id = id;
            ViewBag.fname = rd.ImageFileName;
            ViewBag.pname = rd.ProjectCode + "-" + rd.ProjectName;
            ViewBag.Message = "代表图片文件上传...";
            return View();
        }
        [HttpPost]
```

```
            public IActionResult UploadImage(string id,
[FromServices]IHostingEnvironment env,IFormFile file)
        {
                //根据记录,设置相关的显示参数
                var rd = _context.AProjectLists.Find(id);
                ViewBag.id = id;
                ViewBag.fname = rd.ImageFileName;
                ViewBag.pname = rd.ProjectCode + "-" + rd.ProjectName;
                //判断上传文件是否为空
                if (file == null)
                {
                        ViewBag.Message = "文件名称不能为空...";
                        return View();
                }
                //根据上传文件名生成新文件名称
                var filename = file.FileName;//上传文件的全限定名称
                filename = filename.Substring(filename.LastIndexOf("\\") + 1);
//上传文件的名称
                var fsize = file.Length;
                var extname = filename.Substring(filename.LastIndexOf(".") +
1);//上传文件的扩展名
                filename = id + ".jpg";//定义新的名称
                //写入数据库
                rd.ImageFileName = filename;
                _context.AProjectLists.Update(rd);
                _context.SaveChanges();
                //将上传文件存储到指定的位置
                try
                {
                        using (var stream =
new FileStream(Path.Combine(env.WebRootPath, $"ProjectImages\\{filename}"),
FileMode.Create))
                        {
                                file.CopyTo(stream);
                                stream.Flush();
                        }
                        ViewBag.Message = $"文件({filename},
{fsize}字节)上传成功...";
```

```
                }
                catch (IOException ee)
                {
                    ViewBag.Message = $"文件({filename},{fsize} 字节)
上传失败...{ee.Message}";
                }
            return View();
        }
        /// <summary>
        /// 项目宣传图片上传–批量上传
        /// </summary>
        /// <param name="id">记录标识</param>
        /// <returns></returns>
        public IActionResult UploadImages(string id)
        {
            var rd = _context.AProjectLists.Select(a => new { a.ProjectCode,a.ProjectName,
a.ImageFileName}).FirstOrDefault(a => a.ProjectCode == id);
            ViewBag.id = id;
            ViewBag.fname = rd.ImageFileName;
            ViewBag.pname = rd.ProjectCode + "–" + rd.ProjectName;
            string fpath = ihost.WebRootPath + $"\\ProjectImages\\{id}";
            if (! Directory.Exists(fpath)) Directory.CreateDirectory(fpath);
            FileInfo[]files = new DirectoryInfo(fpath).GetFiles();
            ViewBag.Message = "项目宣传图片文件批量上传...";
            return View(files);
        }
        [HttpPost]
        public IActionResult UploadImages(string id,IList<IFormFile> files)
        {
            //根据记录,设置相关的显示参数
            var rd = _context.AProjectLists.Find(id);
            ViewBag.id = id;
            ViewBag.fname = rd.ImageFileName;
            ViewBag.pname = rd.ProjectCode + "–" + rd.ProjectName;
            string fpath = ihost.WebRootPath + $"\\ProjectImages\\{id}";
            FileInfo[]filelist = new DirectoryInfo(fpath).GetFiles();
            //判断上传文件是否为空
            if (files.Count <= 0)
```

```
        {
            ViewBag. Message = "文件名称不能为空 ...";
            return View(filelist);
        }

    //处理文件
    long fsize = 0;
    foreach(var file in files)
    {
        var filename = file. FileName. Trim();//文件全限定名称
        filename = filename. Substring(filename. LastIndexOf("\")
+ 1);//取文件名称
        filename = $"{fpath}\\{filename}";//存储路径
        fsize += file. Length;
        using (FileStream fs = System. IO. File. Create(filename))
        {
            file. CopyTo(fs);
            fs. Flush();
        }
    }
        ViewBag. Message = $"{files. Count} 文件 /
{fsize} 个字节上传成功!";
        filelist = new DirectoryInfo(fpath). GetFiles();
        return View(filelist);
}
/// <summary>
/// 项目宣传图片删除
/// </summary>
/// <param name="id"></param>
/// <returns></returns>
public IActionResult PImagesDelete(string id, string fpath,
string fname)
    {
        //根据记录,设置相关的显示参数
        var rd = _context. AProjectLists. Find(id);
        ViewBag. id = id;
        ViewBag. fname = rd. ImageFileName;
        ViewBag. pname = rd. ProjectCode + "-" + rd. ProjectName;
        fname = Path. Combine(fpath, fname);
```

```
            if ( System. IO. File. Exists( fname) )
            {
                System. IO. File. Delete( fname) ;
            }
            FileInfo[ ]filelist = new DirectoryInfo( fpath). GetFiles( ) ;
            return View( "UploadImages", filelist) ;
        }
        /// <summary>
        /// 判断是否有记录存在
        /// </summary>
        /// <param name="id"></param>
        /// <returns></returns>
        private bool AProjectListExists( string id)
        {
            return _context. AProjectLists. Any( e => e. ProjectCode == id) ;
        }
    }
}
```

构造函数 AprojectListsController 完成对类变量_context（数据库上下文类）、ihost（环境类）的赋值任务，这种功能在其他类似控制器中也存在，因此以下不再说明。

6.2.2　产品项目记录列表显示视图

产品项目记录显示功能的初始方法是"Index"，即第一次调用所使用的方法，对应的视图文件是"Index. cshtml"，其代码内容如下：

```
@ model IEnumerable<bxtest. Models. AProjectList>
@ {
    ViewData[ "Title"] = ViewBag. ModelName;
}
<h2>@ ViewData[ "Title"]</h2>
<form asp-action="IndexPagingPartial" method="post" data-ajax="true"
        data-ajax-mode="replace" data-ajax-update="#list">
<div class="input-group">
<span class="input-group-addon">产品编号</span>
```

```
<input type="text" name="pcode" class="form-control" />
<span class="input-group-addon">产品名称</span>
<input type="text" name="pname" class="form-control" />
<span class="input-group-addon">产品类别</span>
<select name="pclass" asp-items="@ ViewBag. pclass"
                class="form-control">
<option value="" selected="selected">全部</option>
</select>
<span class="input-group-btn">
<button type="submit" class="btn btn-success
glyphicon glyphicon-search">检索</button>
<a asp-action="Create" class="btn btn-danger
glyphicon glyphicon-plus">新增</a>
<a asp-area="Admin" asp-controller="Home" asp-action="Index"
class="btn btn-primary glyphicon glyphicon-home">返回</a>
</span>
</div>
</form>
<div id="list" style="margin-top:10px;">
<table class="table table-list">
<tr>
<th style="width:100px;">
                @ Html. DisplayNameFor( model => model. ProjectCode)
</th>
<th>
                @ Html. DisplayNameFor( model => model. ProjectName)
</th>
<th style="width:100px;">
                @ Html. DisplayNameFor( model => model. PClassCode)
</th>
<th>@ ViewBag. Message</th>
</tr>
        @ foreach ( var item in Model)
            {
<tr>
<td>
                @ Html. DisplayFor( modelItem => item. ProjectCode)
</td>
```

```
<td>
                        @ Html. DisplayFor( modelItem => item. ProjectName )
</td>
<td>
                        @ Html. DisplayFor( modelItem =>
item. AProjectClassList. PClassName )
</td>
<td>
<a asp-action="Edit" asp-route-id="@ item. ProjectCode">
                        编辑</a> |
<a asp-action="Details"
   asp-route-id="@ item. ProjectCode">详细</a> |
<a asp-action="Delete" asp-route-id="@ item. ProjectCode">
                删除</a> |
<a asp-action="UploadImage"
   asp-route-id="@ item. ProjectCode">图片</a> |
<a asp-action="UploadImages"
   asp-route-id="@ item. ProjectCode">组图</a> |
<a asp-controller="AValuationLists" asp-action="Index"
asp-route-pcode="@ item. ProjectCode"
   asp-route-pname="@ item. ProjectName">评价</a>
</td>
</tr>
        }
</table>
<paging-ajax paging-option="ViewBag. pagingOption"></paging-ajax>
</div>
```

显示内容包括 3 个部分：检索条件定义区，由表单 form 标签实现；记录显示区，由表格 table 标签实现；分页显示区，由 paging-ajax 标签实现，其中分页参数在方法中定义，并通过临时变量 ViewBag. pagingOption 传递。

Form 标签属性中定义提交后调用的方法是"IndexPagingPartial"，即分部视图方法，而不是"Index"，并通过属性 data-ajax=true 实现检索记录对页面局部内容的更新。

检索条件有变量 pcode（产品编号）、pname（产品名称）、pclsaa（产品类别）3 个。

"IndexPagingPartial" 视图代码内容如下:

```
@ model IEnumerable<bxtest. Models. AProjectList>
<table class ="table table-list">
<tr>
<th style ="width:100px;">
            @ Html. DisplayNameFor( model => model. ProjectCode)
</th>
<th>
            @ Html. DisplayNameFor( model => model. ProjectName)
</th>
<th style ="width:100px;">
            @ Html. DisplayNameFor( model => model. PClassCode)
</th>
<th>@ ViewBag. Message</th>
</tr>
    @ foreach ( var item in Model)
    {
<tr>
<td>
                @ Html. DisplayFor( modelItem => item. ProjectCode)
</td>
<td>
                @ Html. DisplayFor( modelItem => item. ProjectName)
</td>
<td>
                @ Html. DisplayFor( modelItem =>
item. AProjectClassList. PClassName)
</td>
<td>
<a asp-action ="Edit" asp-route-id ="@ item. ProjectCode">
编辑</a> |
<a asp-action ="Details" asp-route-id ="@ item. ProjectCode">
详细</a> |
<a asp-action ="Delete" asp-route-id ="@ item. ProjectCode">
删除</a> |
<a asp-action ="UploadImage" a
sp-route-id ="@ item. ProjectCode">图片</a> |
```

```
<a asp-action="UploadImages"
asp-route-id="@item.ProjectCode">组图</a> |
<a asp-controller="AValuationLists" asp-action="Index"
asp-route-pcode="@item.ProjectCode" asp-route-pname="@item.ProjectName">
评价</a>
</td>
</tr>
    |
</table>
<paging-ajax paging-option="ViewBag.pagingOption"></paging-ajax>
```

和"Index"视图代码内容比较，没有检索条件定义部分。

视图运行效果如图 6-2 所示。

产品项目

项目编号	项目名称	产品类别	
产品编号	产品名称	产品类别 全部 ∨	Q 检索 ＋ 新增 ⌂ 返回
2015-0004	车内检测（有资质）	行检测	编辑｜详细｜删除｜图片｜组图｜评价
2015-0005	车内检测（参考室内检测方法，非CMA）	行检测	编辑｜详细｜删除｜图片｜组图｜评价
2015-0006	涂料、板材、壁纸中的有害物质检测	住检测	编辑｜详细｜删除｜图片｜组图｜评价
2015-0007	环境中的电磁辐射	其他检测	编辑｜详细｜删除｜图片｜组图｜评价
2015-0010	氡	住检测	编辑｜详细｜删除｜图片｜组图｜评价
2015-0011	温度	住检测	编辑｜详细｜删除｜图片｜组图｜评价
2015-0013	噪声	住检测	编辑｜详细｜删除｜图片｜组图｜评价
2015-0002	室内检测B套餐	住检测	编辑｜详细｜删除｜图片｜组图｜评价
2015-0001	室内检测A套餐	住检测	编辑｜详细｜删除｜图片｜组图｜评价
2015-0003	室内检测定制套餐（升级版）	住检测	编辑｜详细｜删除｜图片｜组图｜评价

« **1** » 总行数：10 总页数：1 页码 1 页行数 15 OK

图 6-2 产品项目记录显示

此页面可执行的任务有检索记录、新增记录、编辑记录、详细内容显示、删除记录、图片上传、宣传画册上传、管理客户评价等。

6.2.3 新增记录功能视图

新增记录功能有两个同名的方法 Create，第一个没有方法属性定义，其任务是显示记录新增数据输入视图；第二个有方法属性"［HttpPost］"，完成数据项目输入后通过确认提交命令，将数据项目通过模型传递方式传递给方法，完成有关的数据管理任务。视图对应的文件名称是"Create.cshtml"，其代码内容如下：

```
@ model bxtest. Models. AProjectList
@ {
    ViewData["Title"] = ViewData. ModelMetadata. DisplayName + "新增";
}
<h2>@ ViewData["Title"]</h2>
<hr />
<form asp-action="Create">
<div class="form-horizontal">
<div asp-validation-summary="ModelOnly" class="text-danger"></div>
<div class="form-group">
<label asp-for="ProjectCode" class="col-md-2
control-label"></label>
<div class="col-md-10">
<input asp-for="ProjectCode" class="form-control" />
<span asp-validation-for="ProjectCode"
class="text-danger"></span>
</div>
</div>
<div class="form-group">
<label asp-for="ProjectName" class="col-md-2
control-label"></label>
<div class="col-md-10">
<input asp-for="ProjectName" class="form-control" />
<span asp-validation-for="ProjectName"
class="text-danger"></span>
</div>
</div>
<div class="form-group">
<label asp-for="AbstractContent" class="col-md-2
control-label"></label>
<div class="col-md-10">
<input asp-for="AbstractContent" class="form-control" />
<span asp-validation-for="AbstractContent"
class="text-danger"></span>
</div>
</div>
<div class="form-group">
<label asp-for="TestItems" class="col-md-2
```

```
control-label"></label>
<div class="col-md-10">
<input asp-for="TestItems" class="form-control" />
<span asp-validation-for="TestItems"
class="text-danger"></span>
</div>
</div>
<div class="form-group">
<label asp-for="ServiceMode" class="col-md-2
control-label"></label>
<div class="col-md-10">
<input asp-for="ServiceMode" class="form-control" />
<span asp-validation-for="ServiceMode"
class="text-danger"></span>
</div>
</div>
<div class="form-group">
<label asp-for="ForObject" class="col-md-2
control-label"></label>
<div class="col-md-10">
<input asp-for="ForObject" class="form-control" />
<span asp-validation-for="ForObject"
class="text-danger"></span>
</div>
</div>
<div class="form-group">
<label asp-for="PClassCode" class="col-md-2
control-label"></label>
<div class="col-md-10">
<select asp-for="PClassCode" class="form-control"
asp-items="ViewBag.PClassCode"></select>
</div>
</div>
<div class="form-group">
<label asp-for="CountUnit" class="col-md-2
control-label"></label>
<div class="col-md-10">
<input asp-for="CountUnit" class="form-control" />
```

```
<span asp-validation-for="CountUnit"
class="text-danger"></span>
</div>
</div>
<div class="form-group">
<label asp-for="UnitPrice" class="col-md-2
control-label"></label>
<div class="col-md-10">
<input asp-for="UnitPrice" class="form-control" />
<span asp-validation-for="UnitPrice"
class="text-danger"></span>
</div>
</div>
<div class="form-group">
<label asp-for="DiscountRate" class="col-md-2
control-label"></label>
<div class="col-md-10">
<input asp-for="DiscountRate" class="form-control" />
<span asp-validation-for="DiscountRate"
class="text-danger"></span>
</div>
</div>
<div class="form-group">
<label asp-for="BeginDate" class="col-md-2
control-label"></label>
<div class="col-md-10">
<input type="hidden" asp-for="BeginDate"
class="form-control" />
                    @Html.DisplayFor( m => m.BeginDate)
</div>
</div>
<div class="form-group">
<label asp-for="Remark" class="col-md-2 control-label"></label>
<div class="col-md-10">
<input asp-for="Remark" class="form-control" />
<span asp-validation-for="Remark"
class="text-danger"></span>
</div>
```

```
</div>
<input type="hidden" asp-for="ImageFileName"/>
<input type="hidden" asp-for="UserId"/>
<hr />
<div class="form-group">
<div class="col-md-offset-2 col-md-10">
<button type="submit" class="btn btn-danger
glyphicon glyphicon-save">确认存储</button>
<a asp-action="Index" class="btn btn-primary
glyphicon glyphicon-list">返回列表</a>
<span class="text-danger">@ViewBag. Message</span>
</div>
</div>
</div>
</form>
@section Scripts {
    @{await Html. RenderPartialAsync("_ValidationScriptsPartial");}
}
```

数据修改完成后，通过确认命令提交给同名且有属性" [HttpPost] "的 Create 方法，完成数据写入数据库的任务。其中代码

```
@{await Html. RenderPartialAsync("_ValidationScriptsPartial");}
```

的作用是引入客户端输入编辑验证所需要的 js 文件，以后有编辑操作的视图需要引用均是同样的方法。

其他管理功能中的 Create 方法与此同理。

6.2.4 编辑修改记录功能视图

编辑修改记录功能有同名两个方法：第一个没有方法属性定义，其任务是根据记录主键检索对应的记录并传递给对应的视图，进行编辑修改；第二个有方法属性定义" [HttpPost] "，是 form 表单输入项目内容修改后确认提交后执行的方法，并通过模型传递方式将修改后的数据传递给方法，完成相应的数据管理工作。方法对应的视图是" Edit "，视图对应的视图文件是" Edit. cshtml "，其代码内容如下：

```
@model bxtest. Models. AProjectList
```

```
@{
    ViewData["Title"] = ViewData.ModelMetadata.GetDisplayName() +
        "编辑修改";
}
<h2>@ViewData["Title"]</h2>
<hr />
<form asp-action="Edit">
<div class="form-horizontal">
<div asp-validation-summary="ModelOnly" class="text-danger"></div>
<div class="form-group">
<label asp-for="ProjectCode" class="col-md-2
control-label"></label>
<div class="col-md-10">
<input type="hidden" asp-for="ProjectCode" />
                @Model.ProjectCode
</div>
</div>
<div class="form-group">
<label asp-for="ProjectName" class="col-md-2
control-label"></label>
<div class="col-md-10">
<input asp-for="ProjectName" class="form-control" />
<span asp-validation-for="ProjectName"
class="text-danger"></span>
</div>
</div>
<div class="form-group">
<label asp-for="AbstractContent" class="col-md-2
control-label"></label>
<div class="col-md-10">
<input asp-for="AbstractContent" class="form-control" />
<span asp-validation-for="AbstractContent"
class="text-danger"></span>
</div>
</div>
<div class="form-group">
<label asp-for="TestItems" class="col-md-2
control-label"></label>
```

```
<div class="col-md-10">
<input asp-for="TestItems" class="form-control" />
<span asp-validation-for="TestItems"
class="text-danger"></span>
</div>
</div>
<div class="form-group">
<label asp-for="ServiceMode" class="col-md-2
control-label"></label>
<div class="col-md-10">
<input asp-for="ServiceMode" class="form-control" />
<span asp-validation-for="ServiceMode"
class="text-danger"></span>
</div>
</div>
<div class="form-group">
<label asp-for="ForObject" class="col-md-2
control-label"></label>
<div class="col-md-10">
<input asp-for="ForObject" class="form-control" />
<span asp-validation-for="ForObject"
class="text-danger"></span>
</div>
</div>
<div class="form-group">
<label asp-for="PClassCode" class="control-label
col-md-2"></label>
<div class="col-md-10">
<select asp-for="PClassCode" class="form-control"
asp-items="ViewBag.PClassCode"></select>
<span asp-validation-for="PClassCode"
class="text-danger"></span>
</div>
</div>
<div class="form-group">
<label asp-for="CountUnit" class="col-md-2
control-label"></label>
<div class="col-md-10">
```

```
<input asp-for="CountUnit" class="form-control" />
<span asp-validation-for="CountUnit"
class="text-danger"></span>
</div>
</div>
<div class="form-group">
<label asp-for="UnitPrice" class="col-md-2
control-label"></label>
<div class="col-md-10">
<input asp-for="UnitPrice" class="form-control" />
<span asp-validation-for="UnitPrice"
class="text-danger"></span>
</div>
</div>
<div class="form-group">
<label asp-for="DiscountRate" class="col-md-2
control-label"></label>
<div class="col-md-10">
<input asp-for="DiscountRate" class="form-control" />
<span asp-validation-for="DiscountRate"
class="text-danger"></span>
</div>
</div>
<div class="form-group">
<label asp-for="BeginDate" class="col-md-2
control-label"></label>
<div class="col-md-10">
<input type="hidden" asp-for="BeginDate"
class="form-control" />
                @Model.BeginDate.ToString("yyyy-MM-dd")
</div>
</div>
<div class="form-group">
<label asp-for="ImageFileName" class="col-md-2
control-label"></label>
<div class="col-md-10">
<input type="hidden" asp-for="ImageFileName" />
                @Model.ImageFileName
```

```
</div>
</div>
<div class="form-group">
<label asp-for="UserId" class="col-md-2 control-label"></label>
<div class="col-md-10">
<input type="hidden" asp-for="UserId" />
            @Model.UserId
</div>
</div>
<div class="form-group">
<label asp-for="Remark" class="col-md-2 control-label"></label>
<div class="col-md-10">
<input asp-for="Remark" class="form-control" />
<span asp-validation-for="Remark"
class="text-danger"></span>
</div>
</div>
<hr />
<div class="form-group">
<div class="col-md-offset-2 col-md-10">
<button type="submit" class="btn btn-danger g
lyphicon glyphicon-save">确认存储</button>
<a asp-action="Index" class="btn btn-primary
glyphicon glyphicon-list">返回列表</a>
<span class="text-danger">@ViewBag.Message</span>
</div>
</div>
</div>
</form>
@section Scripts {
    @{await Html.RenderPartialAsync("_ValidationScriptsPartial");}
}
```

其他管理功能中的 Edit 方法与此同理。

6.2.5 删除记录功能视图

删除记录功能对应两个同名方法 Delete，第一个没有方法属性定义。其任务是通过主键检索对应记录，传递给视图进行显示；第二个有方法属性"［Http-

Post］"，接受预删除记录的主键，完成检索、删除、存储任务。相应视图"De-lete"的文件名称是"Delete. cshtml"，其代码定义内容如下：

```
@ model bxtest. Models. AProjectList
@ |
    ViewData［"Title"］= ViewData. ModelMetadata. DisplayName + "删除";
    int i = 1;
|
<h2>@ ViewData［"Title"］</h2>
<table class ="table table-list" style ="table-layout:fixed;">
<tr>
<th style ="width:60px;">序号</th>
<th style ="width:120px;">项目</th>
<th>内容</th>
<th style ="width:120px;">属性</th>
</tr>
    @ foreach ( var item in ViewData. ModelMetadata. Properties)
    |
        if ( ! item. IsComplexType)
        |
<tr>
<td class ="text-center">@ ( i++) </td>
<td class ="text-right">
                        @ Html. DisplayName( @ item. PropertyName) </td>
<td>@ Html. Display( @ item. PropertyName) </td>
<td>@ item. PropertyName</td>
</tr>
        |
    |
</table>
<div>
<form asp-action ="Delete" asp-route-id ="@ Model. ProjectCode">
<div class ="form-actions no-color">
<button type ="submit" class ="btn btn-danger glyphicon
glyphicon-save">确认删除</button>
<a asp-action ="Index" class ="btn btn-primary
glyphicon glyphicon-list">返回列表</a>
</div>
```

```
</form>
</div>
```

此处利用了"ViewData. ModelMetadata. Properties"属性集合,结合@ Html. DisplayName 和@ Html. Display 显示数据项目名称和对应的值。

上述 Create、Index、Edit、Delete 方法是 MVC 技术架构中典型的记录管理方法,通常称之为"CRUD"操作,适用于所有基于模型管理的数据记录管理场景。

6.2.6 记录内容详细显示功能视图

记录详细内容显示功能只对记录内容进行显示,其方法名称是"Details",对应的视图文件名称是"Details. cshtml",其他代码定义内容如下:

```
@ model bxtest. Models. AProjectList
@ {
    ViewData["Title"] = ViewData. ModelMetadata. DisplayName + "详细信息";
    int i = 1;
}
<h2>@ ViewData["Title"]</h2>
<table class="table table-list"
    style="table-layout:fixed;word-break:break-all;word-wrap:break-word;">
<tr>
<th style="width:60px;">序号</th>
<th style="width:120px;">项目</th>
<th>内容</th>
<th style="width:120px;">属性</th>
</tr>
    @ foreach (var item in ViewData. ModelMetadata. Properties)
    {
        if (! item. IsComplexType)
        {
<tr>
<td class="text-center">@ (i++)</td>
<td class="text-right">
        @ Html. DisplayName(@ item. PropertyName)</td>
<td>@ Html. Display(@ item. PropertyName)</td>
<td>@ item. PropertyName</td>
```

```
</tr>
       }
     }
</table>
<p>
<a asp-action="Index" class="btn btn-primary glyphicon glyphicon-list">
    返回列表</a>
</p>
```

记录数据项目的显示方法同 Delete 视图。

6.2.7　产品项目代表图片上传功能视图

产品项目代表图片上传功能的任务是为指定的产品项目记录提供一个对应的标志性的图片，供前台展示时使用。同 Create 等方法，因为有数据检索、编辑和修改数据库任务，因此有两个同名的方法"UploadImage"，对应的视图文件名称是"UploadImage.cshtml"，其代码内容定义如下：

```
@{
    ViewBag.Title = $"项目[{ViewBag.pname}]代表图片上传";
}
<h2>@ViewBag.Title</h2>
<hr />
<form asp-action="UploadImage" asp-route-id="@ViewBag.id"
  enctype="multipart/form-data">
<input type="file" name="file" class="form-control" />
<hr />
<button type="submit" class="btn btn-danger glyphicon glyphicon-upload">
确认上传</button>
<a asp-action="Index" class="btn btn-primary glyphicon glyphicon-list">
返回列表</a>
<span class="text-danger">@ViewBag.Message</span>
</form>
<hr />
<div>
<img src="~/ProjectImages/@ViewBag.fname" />
</div>
```

通过输入（input）标签类型定义（type="file"）实现图片文件的选择并提交任务。

6.2.8 产品项目宣传画册上传功能视图

产品项目宣传画册上传功能的任务是为指定的产品项目记录提供一组对应的宣传用图片，以供前台展示吲使用。同 Create 等方法，因为有数据检索、编辑和修改数据库任务，因此有两个同名的方法"UploadImages"，对应的视图文件名称是"UploadImages. cshtml"，其代码内容定义如下：

```
@ using System. IO
@ model IEnumerable<FileInfo>
@ {
    ViewBag. Title = $"项目{ ｛ViewBag. pname｝}宣传图片批量上传";
}
<h2>@ ViewBag. Title</h2>
<hr />
<form asp-action="UploadImages" asp-route-id="@ ViewBag. id"
enctype="multipart/form-data" method="post" role="form">
<input type="file" name="files" multiple class="form-control" />
<hr />
<button type="submit" class="btn btn-danger glyphicon glyphicon-upload">
确认上传</button>
<a asp-action="Index" class="btn btn-primary glyphicon glyphicon-list">
返回列表</a>
<span class="text-danger">@ ViewBag. Message</span>
</form>
<hr />
<table class="table table-list">
<tr>
<th>图片</th>
<th>文件名称</th>
<th>文件目录</th>
<th>上传日期</th>
<th></th>
</tr>
    @ foreach( var item in Model)
    {
<tr>
```

```
<td style="text-align:center;"><img src="~/ProjectImages/@ViewBag.id/@item.Name" />
</td>
<td>@item.Name</td>
<td>@item.DirectoryName</td>
<td>@item.CreationTime</td>
<td><a asp-action="PImagesDelete"
            asp-route-id="@ViewBag.id"
            asp-route-fpath="@item.DirectoryName"
            asp-route-fname="@item.Name">删除</a></td>
</tr>
    }
</table>
<style type="text/css">
    table img{
        width:100px;
        height:100px;
    }
</style>
```

通过输入（input）标签类型定义（type="file"）和文件多选属性（multiple）实现图片文件的多重选择和提交任务，同时视图提供了图片显示和删除功能。

6.3　产品订单管理设计实现

产品订单管理（OrderList）是系统后台针对用户订单进行修改和订单检测分配等一列活动。

产品订单管理所使用的实体模型类名称是"AOrderList"，其内容定义存储于模型集合 Models/AModels.cs 中，功能实现所使用的控制器和视图分别存储于区域 AArea 目录下的"Controllers"和"Views"目录中。

6.3.1　产品订单管理控制器

产品订单管理控制器的类名为"AOrderListsController"，相应的类文件名称为"AOrderListsController.cs"，其代码内容如下：

```
using bxtest.Models;
using Microsoft.AspNetCore.Http;
```

```csharp
using Microsoft.AspNetCore.Mvc;
using Microsoft.AspNetCore.Mvc.Rendering;
using Microsoft.EntityFrameworkCore;
using Sakura.AspNetCore;
using System;
using System.Linq;
using System.Threading.Tasks;
namespace bxtest.Areas.AArea.Controllers
{
    [Area("AArea")]
    public class AOrderListsController:Controller
    {
        private readonly BxtestDbContext _context;
        private readonly AppService apps=new AppService();
        public AOrderListsController(BxtestDbContext context)
        {
            _context = context;
        }
        // GET:AArea/AOrderLists
        public async Task<IActionResult> Index(string pcode=null, string uid=null, int pageIndex=0, int pageSize=0)
        {
            if (pcode==null)
            {
                if (HttpContext.Session.GetString("pcode") == null)
                    pcode = "";
                else pcode = HttpContext.Session.GetString("pcode");
            }
            if (uid==null)
            {
                if (HttpContext.Session.GetString("uid") == null)
                    uid = "";
                else uid = HttpContext.Session.GetString("uid");
            }
            if (pageIndex==0)
            {
                if (HttpContext.Session.GetInt32("pageIndex") == null)
                    pageIndex = 1;
```

```
                    else
            pageIndex = (int)HttpContext. Session. GetInt32("pageIndex");
            }
        if (pageSize == 0)
        {
                if (HttpContext. Session. GetInt32("pageSize") == null)
                    pageSize = 10;
                else
            pageSize = (int)HttpContext. Session. GetInt32("pageSize");
            }
            HttpContext. Session. SetInt32("pageSize", pageSize);
            HttpContext. Session. SetInt32("pageIndex", pageIndex);
            HttpContext. Session. SetString("pcode", pcode);
            HttpContext. Session. SetString("uid", uid);
            ViewBag. ModelName = apps. GetModelDisplayName(typeof(AOrderList));
            var rds1 = _context. AOrderList. Where(a =>
a. OrderCode. Contains(pcode) && a. UserId. Contains(uid))
                    . Include(a => a. AOrderStatusList)
                    . Include(a => a. AProjectList)
                    . Include(a => a. KUserList)
                    . Include(a => a. LUnitList)
                    . OrderByDescending(a =>a. BeginDate);
            var rds = await rds1. ToPagedListAsync(pageSize, pageIndex);
            return View(rds);
        }
        // GET:AArea/AOrderLists/Details/5
        public async Task<IActionResult> Details(string id)
        {
            var aOrderList = await _context. AOrderList
                . Include(a => a. AOrderStatusList)
                . Include(a => a. AProjectList)
                . Include(a => a. KUserList)
                . Include(a => a. LUnitList)
                . SingleOrDefaultAsync(m => m. OrderCode == id);
            return View(aOrderList);
        }
        // GET:AArea/AOrderLists/Create
        public IActionResult Create()
```

```
        {
            var rd = new AOrderList();
            rd. OrderCode = DateTime. Now. ToString("yyyyMMddhhmmss");
            ViewData["OrderStatusCode"] =
                new SelectList(_context. AOrderStatusList,
                "OrderStatusCode","OrderStatusName");
            ViewData["ProjectCode"] = new
    SelectList(_context. AProjectLists,"ProjectCode","ProjectName");
            ViewData["UserId"] = new
    SelectList(_context. KUserLists,"UserId","UserName");
            ViewData["UnitCode"] = new
    SelectList(_context. LUnitLists,"UnitCode","UnitName");
            ViewData["AddressCode"] = new
    SelectList(_context. KUserAddressList,"AddressId","AddressName");
            return View(rd);
        }

        [HttpPost]
        [ValidateAntiForgeryToken]
        public async Task<IActionResult> Create(AOrderList aOrderList)
        {
            if (ModelState. IsValid)
            {
                _context. Add(aOrderList);
                await _context. SaveChangesAsync();
                ViewBag. Message = "存储成功...";
            }
            else
            {
                ViewBag. Message = "存储失败...";
            }
            ViewData["OrderStatusCode"] = new
    SelectList(_context. AOrderStatusList,"OrderStatusCode",
    "OrderStatusName",aOrderList. OrderStatusCode);
            ViewData["ProjectCode"] = new SelectList(_context. AProjectLists,"Project-
    Code","ProjectName",aOrderList. ProjectCode);
            ViewData["UserId"] = new SelectList(_context. KUserLists,"UserId","User-
    Name",aOrderList. UserId);
```

```
            ViewData["UnitCode"] = new SelectList(_context. LUnitLists,"UnitCode",
"UnitName",aOrderList. UnitCode);
        return View(aOrderList);
    }
    // GET:AArea/AOrderLists/Edit/5
    public async Task<IActionResult> Edit(string id)
    {
        var aOrderList = await _context. AOrderList
            . SingleOrDefaultAsync(m => m. OrderCode == id);
        return View(aOrderList);
    }
    [HttpPost]
    [ValidateAntiForgeryToken]
    public async Task<IActionResult> Edit(AOrderList aOrderList)
    {
        if (ModelState. IsValid)
        {
            try
            {
                _context. Update(aOrderList);
                await _context. SaveChangesAsync();
                ViewBag. Message = "存储成功...";
            }
            catch (DbUpdateConcurrencyException)
            {
                ViewBag. Message = "存储失败...";
            }
        }
        else
        {
            ViewBag. Message = "存储失败...";
        }
        return View(aOrderList);
    }
    // GET:AArea/AOrderLists/Delete/5
    public async Task<IActionResult> Delete(string id)
    {
        var aOrderList = await _context. AOrderList
```

```
                .Include(a => a. AOrderStatusList)
                .Include(a => a. AProjectList)
                .Include(a => a. KUserList)
                .Include(a => a. LUnitList)
                .SingleOrDefaultAsync(m => m. OrderCode == id);
        return View(aOrderList);
    }
    // POST:AArea/AOrderLists/Delete/5
    [HttpPost, ActionName("Delete")]
    [ValidateAntiForgeryToken]
    public async Task<IActionResult> DeleteConfirmed(string id)
    {
        var aOrderList = await
_context. AOrderList. SingleOrDefaultAsync(m => m. OrderCode == id);
        _context. AOrderList. Remove(aOrderList);
        await _context. SaveChangesAsync();
        return RedirectToAction("Index");
    }
    /// <summary>
    /// 更换订单检测单位
    /// </summary>
    /// <param name="id">订单编号</param>
    /// <returns></returns>
    public async Task<IActionResult> SelectUnit(string id)
    {
        var rd= await _context. AOrderList
                .Include(a => a. AOrderStatusList)
                .Include(a => a. AProjectList)
                .Include(a => a. KUserList)
                .Include(a => a. LUnitList)
                .SingleOrDefaultAsync(m => m. OrderCode == id);
        return View(rd);
    }
    /// <summary>
    /// 显示检测单位供选择
    /// </summary>
    /// <param name="id">订单编号</param>
    /// <returns></returns>
```

```
[ActionName("ChangingUnit")]
public async Task<IActionResult> ChangingUnitAsync(
    string id=null,int pageIndex=0,int pageSize=0)
{
    if (id == null)
    {
        id = HttpContext.Session.GetString("id");
    }
    if (pageIndex == 0)
    {
        pageIndex = HttpContext.Session.GetInt32("pageIndex") == null ? 1:
            (int)HttpContext.Session.GetInt32("pageIndex");
    }
    if (pageSize == 0)
    {
        pageSize = HttpContext.Session.GetInt32("pageSize") ==
            null ? 15:(int)HttpContext.Session.GetInt32("pageSize");
    }
    HttpContext.Session.SetString("id",id);
    HttpContext.Session.SetInt32("pageIndex",pageIndex);
    HttpContext.Session.SetInt32("pageSize",pageSize);
    var rd = await _context.AOrderList.Include(a =>
        a.AProjectList).SingleOrDefaultAsync(a => a.OrderCode == id);
    ViewBag.id = id;
    ViewBag.pname = rd.AProjectList.ProjectName +
        $"({rd.AProjectList.ProjectCode})";
    var rds = _context.LUnitLists;
    MyPagingOption pagingoption = new MyPagingOption()
    {
        PageIndex = pageIndex,
        PageSize = pageSize,
        Total = rds.Count(),
        RouteUrl = "/AArea/AOrderLists/ChangingUnit",
        UpdateTarget=""
    };
    ViewBag.options = pagingoption;
    return View(await rds.Skip((pageIndex - 1) *
        pageSize).Take(pageSize).ToListAsync());
```

```
        }
        /// <summary>
        /// 显示检测单位供选择
        /// </summary>
        /// <param name="id">订单编号</param>
        /// <returns></returns>
        [ActionName("SelectUnitPartial")]
        public async Task<IActionResult> SelectUnitPartialAsync(string id = null, int page-
Index = 0, int pageSize = 0)
        {
            if (id == null)
            {
                id = HttpContext.Session.GetString("id");
            }
            if (pageIndex == 0)
            {
                pageIndex = HttpContext.Session.GetInt32("pageIndex") == null ? 1 :
(int)HttpContext.Session.GetInt32("pageIndex");
            }
            if (pageSize == 0)
            {
                pageSize = HttpContext.Session.GetInt32("pageSize") == null ? 15 :
(int)HttpContext.Session.GetInt32("pageSize");
            }
            HttpContext.Session.SetString("id", id);
            HttpContext.Session.SetInt32("pageIndex", pageIndex);
            HttpContext.Session.SetInt32("pageSize", pageSize);
            var rd = await _context.AOrderList.Include(a =>
        a.AProjectList).SingleOrDefaultAsync(a => a.OrderCode == id);
            ViewBag.id = id;
            ViewBag.pname = rd.AProjectList.ProjectName +
        $"({rd.AProjectList.ProjectCode})";
            var rds = _context.LUnitLists;
            MyPagingOption pagingoption = new MyPagingOption()
            {
                PageIndex = pageIndex,
                PageSize = pageSize,
                Total = rds.Count(),
```

```
            RouteUrl = "/AArea/AOrderLists/SelectUnitPartial",
            UpdateTarget = "list"
        };
        ViewBag.options = pagingoption;
        return PartialView(await rds.Skip((pageIndex - 1) *
pageSize).Take(pageSize).ToListAsync());
    }
    /// <summary>
    /// 订单检测单位选择存储
    /// </summary>
    /// <param name="id">订单编号</param>
    /// <param name="ucode">检测单位编号</param>
    /// <returns></returns>
    public IActionResult ChangedUnit(string id, string ucode)
    {
        var rd = _context.AOrderList.Find(id);
        rd.UnitCode = ucode;
        try
        {
            _context.AOrderList.Update(rd);
            _context.SaveChanges();
            ViewBag.Message = "检测单位选择成功...";
        }
        catch(Exception ee)
        {
            ViewBag.Message = "检测单位选择失败..."+ee.Message;
        }
        return Content($"alert(\'{ViewBag.Message}\');history.go(0);",
"application/x-javascript");
    }
    private bool AOrderListExists(string id)
    {
        return _context.AOrderList.Any(e => e.OrderCode == id);
    }
  }
}
```

方法对应的显示视图文件存储于当前目录"Views/AOrderLists"中。

6.3.2 订单数据记录列表显示视图

订单数据记录显示功能的方法名称为"Index"，对应的视图文件为"Index.cshtml"，其代码内容如下：

```
@ using Sakura. AspNetCore
@ model IPagedList<bxtest. Models. AOrderList>
@ {
    ViewData["Title"] = ViewBag. ModelName;
}
<h2 class="h2-css">@ ViewData["Title"]</h2>
<form asp-action="Index" style="margin-bottom:10px;">
<div class="input-group">
<span class="input-group-addon">订单编号</span>
<input type="text" name="pcode"
value="@ Context. Session. GetString("pcode")" class="form-control" />
<span class="input-group-addon">订单用户</span>
<input type="text" name="uid"
value="@ Context. Session. GetString("uid")" class="form-control" />
<span class="input-group-addon">当前页码</span>
<input type="number" name="pageIndex" value="@ Model. PageIndex"
class="form-control" />
<span class="input-group-addon">每页行数</span>
<input type="number" name="pageSize" value="@ Model. PageSize"
class="form-control" />
<span class="input-group-btn">
<button type="submit" class="btn btn-success glyphicon
glyphicon-search">检索</button>
<a asp-action="Create" class="btn btn-danger glyphicon
glyphicon-plus">新增</a>
<a asp-area="Admin" asp-controller="Home" asp-action="Index"
class="btn btn-primary glyphicon glyphicon-home">返回</a>
</span>
</div>
</form>
<div id="list" style="background-color:#ddd3d3;min-height:100px;">
<table class="table table-list">
<tr>
```

```html
<th>订单编号</th>
<th>计量单位</th>
<th>单价(元)</th>
<th>数量</th>
<th>折扣</th>
<th>金额(元)</th>
<th>订购日期</th>
<th>操作</th>
</tr>
        @foreach (var item in Model)
        {
<tr>
<td>
                @Html.DisplayFor(modelItem => item.OrderCode)
</td>
<td>
                @Html.DisplayFor(modelItem => item.CountUnit)
</td>
<td style="text-align:right;">
                @Html.DisplayFor(modelItem => item.UnitPrice)
</td>
<td style="text-align:right;">
                @Html.DisplayFor(modelItem => item.Amount)
</td>
<td style="text-align:right;">
                @Html.DisplayFor(modelItem => item.DiscountRate)
</td>
<td style="text-align:right;">
                @Html.DisplayFor(modelItem => item.PayMoney)
</td>
<td>
                @Html.DisplayFor(modelItem => item.BeginDate)
</td>
<td>
<a asp-action="Edit" asp-route-id="@item.OrderCode">
编辑</a> |
<a asp-action="Details" asp-route-id="@item.OrderCode">
详细</a> |
```

```
<a asp-action="Delete" asp-route-id="@item. OrderCode">
删除</a> |
<a asp-action="ChangingUnit"
asp-route-id="@item. OrderCode">检测</a> |
<a asp-action="SelectUnit"
asp-route-id="@item. OrderCode">管理</a>
</td>
</tr>
        }
</table>
<ul class="pagination">
<pager bootstrap-toggle-modal="true" generation-mode="ListOnly" />
<li><a href="#">总行数:@Model. TotalCount 总页数:@Model. TotalPage 页行数:@Mod-
el. PageSize</a></li>
</ul>
</div>
```

视图通过 form 提供检索变量的输入，并提交于对应方法进行检索处理。form 所使用的方法名称是 "Index"。记录分页等功能实现通过 pager taghelper。

6.3.3　新增订单功能视图

新增订单功能是后台特别提供的一种补充功能，实现的方法名称是 "Create"，与其对应的视图文件名称为 "Create. cshtml"，其代码内容如下：

```
@model bxtest. Models. AOrderList
@{
    ViewData["Title"] = ViewData. ModelMetadata. DisplayName + "新增";
}
<h2>@ViewData["Title"]</h2>
<hr />
<form asp-action="Create">
<div class="form-horizontal">
<div asp-validation-summary="ModelOnly" class="text-danger"></div>
<div class="form-group">
<label asp-for="OrderCode" class="col-md-2
control-label"></label>
<div class="col-md-10">
```

```
<input asp-for="OrderCode" type="hidden" />
                @Model. OrderCode
</div>
</div>
<div class="form-group">
<label asp-for="CountUnit" class="col-md-2
control-label"></label>
<div class="col-md-10">
<input asp-for="CountUnit" class="form-control" />
<span asp-validation-for="CountUnit"
class="text-danger"></span>
</div>
</div>
<div class="form-group">
<label asp-for="UnitPrice" class="col-md-2
control-label"></label>
<div class="col-md-10">
<input asp-for="UnitPrice" class="form-control" />
<span asp-validation-for="UnitPrice"
class="text-danger"></span>
</div>
</div>
<div class="form-group">
<label asp-for="Amount" class="col-md-2 control-label"></label>
<div class="col-md-10">
<input asp-for="Amount" class="form-control" />
<span asp-validation-for="Amount"
class="text-danger"></span>
</div>
</div>
<div class="form-group">
<label asp-for="DiscountRate" class="col-md-2
control-label"></label>
<div class="col-md-10">
<input asp-for="DiscountRate" class="form-control" />
<span asp-validation-for="DiscountRate"
class="text-danger"></span>
</div>
```

```
</div>
<div class="form-group">
<label asp-for="BeginDate" class="col-md-2
control-label"></label>
<div class="col-md-10">
<input asp-for="BeginDate" class="form-control" />
<span asp-validation-for="BeginDate"
class="text-danger"></span>
</div>
</div>
<div class="form-group">
<label asp-for="PayDate" class="col-md-2 control-label"></label>
<div class="col-md-10">
<input asp-for="PayDate" class="form-control" />
<span asp-validation-for="PayDate"
class="text-danger"></span>
</div>
</div>
<div class="form-group">
<label asp-for="EndDate"   class="col-md-2
control-label"></label>
<div class="col-md-10">
<input asp-for="EndDate" class="form-control" />
<span asp-validation-for="EndDate"
class="text-danger"></span>
</div>
</div>
<div class="form-group">
<label asp-for="TestDate" class="col-md-2
control-label"></label>
<div class="col-md-10">
<input asp-for="TestDate"   class="form-control" />
<span asp-validation-for="TestDate"
class="text-danger"></span>
</div>
</div>
<div class="form-group">
<label asp-for="CancelDate" class="col-md-2
```

```
control-label"></label>
<div class="col-md-10">
<input asp-for="CancelDate" class="form-control" />
<span asp-validation-for="CancelDate"
class="text-danger"></span>
</div>
</div>
<div class="form-group">
<label asp-for="DetailAddress" class="col-md-2
control-label"></label>
<div class="col-md-10">
<input asp-for="DetailAddress" class="form-control" />
<span asp-validation-for="DetailAddress"
class="text-danger"></span>
</div>
</div>
<div class="form-group">
<label asp-for="Remark" class="col-md-2 control-label"></label>
<div class="col-md-10">
<input asp-for="Remark" class="form-control" />
<span asp-validation-for="Remark"
class="text-danger"></span>
</div>
</div>

<div class="form-group">
<label asp-for="ProjectCode" class="col-md-2
control-label"></label>
<div class="col-md-10">
<select asp-for="ProjectCode" class="form-control"
asp-items="ViewBag. ProjectCode"></select>
</div>
</div>
<div class="form-group">
<label asp-for="UserId" class="col-md-2 control-label"></label>
<div class="col-md-10">
<select asp-for="UserId" class="form-control"
asp-items="ViewBag. UserId"></select>
```

```
</div>
</div>
<div class="form-group">
<label asp-for="UnitCode" class="col-md-2
control-label"></label>
<div class="col-md-10">
<select asp-for="UnitCode" class="form-control"
asp-items="ViewBag. UnitCode"></select>
</div>
</div>
<div class="form-group">
<label asp-for="OrderStatusCode" class="col-md-2
control-label"></label>
<div class="col-md-10">
<select asp-for="OrderStatusCode" class="form-control" asp-items="ViewBag. OrderStatusCode"
></select>
</div>
</div>
<hr />
<div class="form-group">
<div class="col-md-offset-2 col-md-10">
<button type="submit" class="btn btn-danger
glyphicon glyphicon-plus">确认存储</button>
<a asp-action="Index" class="btn btn-primary
glyphicon glyphicon-list">返回列表</a>
<span class="text-danger">@ ViewBag. Message</span>
</div>
</div>
</div>
</form>
@ section Scripts {
    @ {await Html. RenderPartialAsync("_ValidationScriptsPartial") ;}
}
```

其中项目编辑使用"asp-for"属性实现。

6.3.4 订单数据记录详细内容显示视图

订单数据记录详细内容显示是以记录为单位，显示单个记录的详细内容，其方法名称为"Details"，对应的视图文件名为"Details. cshtml"，其代码内容如下：

```
@ model bxtest. Models. AOrderList
@{
    ViewData["Title"] = ViewData. ModelMetadata. DisplayName + "详细信息";
    int i = 1;
}
<h2>@ ViewData["Title"]</h2>
<table class="table table-list">
<tr>
<th style="width:80px;">序号</th>
<th style="width:160px;">项目</th>
<th>内容</th>
</tr>
    @ foreach ( var item in ViewData. ModelMetadata. Properties)
    {
        if ( ! item. IsComplexType)
        {
<tr>
<td style="text-align:center;">@ (i++)</td>
<td style="text-align:right;">@ Html. DisplayName( item. PropertyName)</td>
<td>
                        @ Html. Display( item. PropertyName)
</td>
</tr>
        }
    }
</table>
<div>
<a asp-action="Index" class="btn btn-primary glyphicon glyphicon-list">返回列表</a>
</div>
```

在此，使用"ViewData. ModelMetadata. Properties"视图属性遍历模型项目，通过"@ Html. Display（item. PropertyName）"显示项目内容。

6.3.5 订单数据记录编辑功能视图

订单记录数据编辑功能提供后台对订单数据进行调整的功能，其对应的方法名称为"Edit"，相应的视图文件名称为"Edit. cshtml"，代码内容如下：

```
@ model bxtest. Models. AOrderList
@ {
    ViewData["Title"] = ViewData. ModelMetadata. DisplayName + "编辑修改";
}
<h2>@ ViewData["Title"]</h2>
<hr />
<form asp-action="Edit">
<div class="form-horizontal">
<div asp-validation-summary="ModelOnly" class="text-danger"></div>
<div class="form-group">
<label asp-for="OrderCode" class="col-md-2
control-label"></label>
<div class="col-md-10">
<input asp-for="OrderCode" type="hidden" />
                @ Model. OrderCode
</div>
</div>
<div class="form-group">
<label asp-for="CountUnit" class="col-md-2
control-label"></label>
<div class="col-md-10">
<input asp-for="CountUnit" class="form-control" />
<span asp-validation-for="CountUnit"
class="text-danger"></span>
</div>
</div>
<div class="form-group">
<label asp-for="UnitPrice" class="col-md-2
control-label"></label>
<div class="col-md-10">
<input asp-for="UnitPrice" class="form-control" />
<span asp-validation-for="UnitPrice"
class="text-danger"></span>
</div>
</div>
<div class="form-group">
<label asp-for="Amount" class="col-md-2 control-label"></label>
<div class="col-md-10">
```

```html
<input asp-for="Amount" class="form-control" />
<span asp-validation-for="Amount"
class="text-danger"></span>
</div>
</div>
<div class="form-group">
<label asp-for="DiscountRate" class="col-md-2
control-label"></label>
<div class="col-md-10">
<input asp-for="DiscountRate" class="form-control" />
<span asp-validation-for="DiscountRate"
class="text-danger"></span>
</div>
</div>
<div class="form-group">
<label asp-for="BeginDate" class="col-md-2
control-label"></label>
<div class="col-md-10">
<input asp-for="BeginDate"    type="hidden" />
               @ Model. BeginDate
</div>
</div>
<div class="form-group">
<label asp-for="PayDate" class="col-md-2 control-label"></label>
<div class="col-md-10">
<input asp-for="PayDate" type="hidden" />
               @ Model. PayDate
</div>
</div>
<div class="form-group">
<label asp-for="EndDate"    class="col-md-2
control-label"></label>
<div class="col-md-10">
<input asp-for="EndDate" type="hidden" />
               @ Model. EndDate
</div>
</div>
<div class="form-group">
```

```
<label asp-for="TestDate" class="col-md-2
control-label"></label>
<div class="col-md-10">
<input asp-for="TestDate"  type="hidden" />
                @Model.TestDate
</div>
</div>
<div class="form-group">
<label asp-for="CancelDate" class="col-md-2
control-label"></label>
<div class="col-md-10">
<input asp-for="CancelDate" type="hidden" />
                @Model.CancelDate
</div>
</div>
<div class="form-group">
<label asp-for="DetailAddress" class="col-md-2
control-label"></label>
<div class="col-md-10">
<input asp-for="DetailAddress"   class="form-control" />
<span asp-validation-for="DetailAddress"
class="text-danger"></span>
</div>
</div>

<div class="form-group">
<label asp-for="Remark" class="col-md-2 control-label"></label>
<div class="col-md-10">
<input asp-for="Remark" class="form-control" />
<span asp-validation-for="Remark"
class="text-danger"></span>
</div>
</div>

<div class="form-group">
<label asp-for="ProjectCode" class="col-md-2
control-label"></label>
<div class="col-md-10">
```

```html
<input asp-for="ProjectCode" type="hidden" />
                @Model.ProjectCode
</div>
</div>
<div class="form-group">
<label asp-for="UserId" class="col-md-2 control-label"></label>
<div class="col-md-10">
<input asp-for="UserId" type="hidden" />
                @Model.UserId
</div>
</div>
<div class="form-group">
<label asp-for="UnitCode" class="col-md-2
control-label"></label>
<div class="col-md-10">
<input asp-for="UnitCode" type="hidden" />
                @Model.UnitCode
</div>
</div>
<div class="form-group">
<label asp-for="OrderStatusCode" class="col-md-2 control-label"></label>
<div class="col-md-10">
<input asp-for="OrderStatusCode" type="hidden" />
                @Model.OrderStatusCode
</div>
</div>
<hr />
<div class="form-group">
<div class="col-md-offset-2 col-md-10">
<button type="submit" class="btn btn-danger glyphicon glyphicon-plus">确认存储</button>
<a asp-action="Index" class="btn btn-primary glyphicon glyphicon-list">返回列表</a>
<span class="text-danger">@ViewBag.Message</span>
</div>
</div>
</div>
</form>
@section Scripts {
    @{await Html.RenderPartialAsync("_ValidationScriptsPartial");}
}
```

其内容与新增视图相似。

6.3.6 订单记录删除功能视图

订单记录删除是有权使用的功能，只有在用户确认后使用。订单记录删除功能实现的方法名称为"Delete"，对应的视图名称为"Delete.cshtml"，其代码内容如下：

```
@ model bxtest.Models.AOrderList
@ {
    ViewData["Title"] = ViewData.ModelMetadata.DisplayName + "记录删除";
    int i = 1;
}
<h2>@ ViewData["Title"]</h2>
<table class="table table-list">
<tr>
<th style="width:60px;">序号</th>
<th style="width:120px;">项目</th>
<th>内容</th>
</tr>
    @ foreach (var item in ViewData.ModelMetadata.Properties)
    {
        if (! item.IsComplexType)
        {
<tr>
<td class="text-center">@ (i++)</td>
<td
class="text-right">@ Html.DisplayName(item.PropertyName)</td>
<td>@ Html.Display(item.PropertyName)</td>
</tr>
        }
    }
</table>
<form asp-action="Delete" asp-route-id="@ Model.OrderCode">
<div class="form-actions no-color">
<button type="submit" class="btn btn-danger glyphicon glyphicon-remove">确认删除</button>
```

```
<a asp-action="Index" class="btn btn-primary glyphicon glyphicon-list">返回列表</a>
</div>
</form>
```

与详细内容视图相同，通过遍历"ViewData. ModelMetadata. Properties"属性实现项目内容的显示。

6.3.7 检测单位选择功能视图

对于订单，需要后台管理实现检测单位的选择。检测单位选择功能实现的方法名称为"SelectUnit"，对应的视图名称为"SelectUnit. cshtml"，其代码内容如下：

```
@ model bxtest. Models. AOrderList
@ {
    ViewData["Title"] = "为订单选择检测单位";
}
<h2>@ ViewData["Title"]</h2>
<table class="table table-list">
<tr>
<td>订单编号</td>
<td>@ Model. OrderCode</td>
<td>产品名称</td>
<td colspan="5">@ Model. AProjectList. ProjectName (@ Model. ProjectCode)</td>
</tr>
<tr>
<td>计量单位</td>
<td>@ Model. CountUnit</td>
<td>订购数量</td>
<td>@ Model. Amount</td>
<td>单价</td>
<td>@ Model. UnitPrice</td>
<td>金额</td>
<td>@ Model. PayMoney</td>
</tr>
<tr>
<td>订购日期</td>
<td>@ Model. BeginDate</td>
```

```
<td>付款日期</td>
<td>@Model.PayDate</td>
<td>完成日期</td>
<td>@Model.EndDate</td>
<td>订单状态</td>
<td>@Model.AOrderStatusList.OrderStatusName(@Model.OrderStatusCode)</td>
</tr>
<tr>
<td>订单用户</td>
<td>@Model.KUserList.UserName-@Model.UserId</td>
<td>联系电话</td>
<td>@Model.KUserList.HandPhone</td>
<td>通讯地址</td>
<td colspan="3">@Model.KUserList.HandAddress</td>
</tr>
<tr style="background-color:burlywood;">
<td colspan="10">
检测单位
<a asp-action="SelectUnitPartial"
asp-route-id="@Model.OrderCode" data-ajax="true"
data-ajax-mode="replace" data-ajax-update="#list">选择</a>
</td>
</tr>
<tr>
<td colspan="10">
                @if(Model.LUnitList! =null)
                {
                    @:单位名称:@Model.LUnitList.UnitName - @Model.UnitCode<br />
                    @:联系电话:@Model.LUnitList.HandPhone<br />
                    @:单位地址:@Model.LUnitList.HandAddress    <br />
                    @:联系人:@Model.LUnitList.HandMan    <br />
                }
            else
                {
                    @:没有确定检测单位
                }
</td>
</tr>
```

```
</table>
<div>
<a asp-action="Index" class="btn btn-primary glyphicon glyphicon-list">返回列表</a>
</div>
<div id="list" style="margin-top:10px;">
</div>
```

显示内容包括订单信息、相应的检测单位信息（无则显示"没有确定检测单位"）和检测单位目录，供选择，运行效果如图 6-3 所示。

为订单选择检测单位

订单编号	20170709035734	产品名称	车内检测（有资质）(2015-0004)					
计量单位	套	订购数量	1	单价	12000	金额	10800
订购日期	2017/7/9 15:57:34	付款日期	2017/7/9 15:57:34	完成日期	2017/7/9 15:57:34	订单状态	未付款 (A)
订单用户	王新国-wgx1	联系电话		通讯地址			

检测单位 选择

没有确定检测单位

单位编号	单位名称	联系人	联系电话	
20150001	国家质量监督检验检疫总局	王新	1234567890	选择
20150002	上海实朴检测技术服务有限公司	杨进	02152956300	选择
895340912210	北京承天博爱环保科技发展有限公司	张辉	89534098	选择
89534098001	中华人民共和国环境保护部		89534098	选择
bjsblb	北京赛博莱技术服务有限公司			选择
newunit	北京房山机械水泥制品厂	一和有	13702213300	选择
wangxinjc	中华人民共和国国土资源部			选择
www				选择

« 1 »　总行数：8　总页数：1　　页码 1　页行数 10 OK

图 6-3　订单检测单位选择功能运行效果图

其中检测单位记录显示是通过 Ajax 方式以分部视图技术实现的。

6.4　栏目内容管理功能设计实现

栏目内容管理实现前台各个栏目显示内容的增加、编辑等任务。前台栏目包括新闻资讯、典型报告、案例精选、专家观点、需求留言等。栏目内容管理所使用的控制器和视图存储于区域目录 CArea，通过"新闻资讯"功能模块实现。

6.4.1 新闻资讯功能控制器

新闻资讯管理功能实现所使用的控制名称为"CNewListsController"，对应的控制类文件名称为"CNewListsController. cs"，其代码内容如下：

```
using bxtest. Models;
using Microsoft. AspNetCore. Hosting;
using Microsoft. AspNetCore. Http;
using Microsoft. AspNetCore. Mvc;
using Microsoft. AspNetCore. Mvc. Rendering;
using Microsoft. EntityFrameworkCore;
using System. IO;
using System. Linq;
using System. Threading. Tasks;
namespace bxtest. Areas. CArea. Controllers
{
    [Area("CArea")]
    public class CNewsListsController : Controller
    {
        private readonly BxtestDbContext _context;
        private readonly AppService apps = new AppService();
        public CNewsListsController(BxtestDbContext context)
        {
            _context = context;
        }
        // GET: CArea/CNewsLists
        public async Task<IActionResult> Index(string scode)
        {
            if(string. IsNullOrEmpty(scode))
            {
                scode = HttpContext. Session. GetString("scode") == null ? "":
HttpContext. Session. GetString("scode");
            }
            HttpContext. Session. SetString("scode", scode);
            ViewData["SiteItemCode"] = new
SelectList(_context. CSiteItemList, "SiteItemCode", "SiteItemName", scode);

            ViewBag. ModelName = apps. GetModelDisplayName(typeof(CNewsList));
```

```
                var rds = _context. CNewsList. Where( c =>
        c. SiteItemCode. Contains( scode ) ). Include( c => c. CSiteItemList) ;
                return View( await rds. ToListAsync( ) ) ;
        }
        // GET:CArea/CNewsLists/Details/5
        public async Task<IActionResult> Details( long? id)
        {
                var cNewsList = await _context. CNewsList. Include( c =>
        c. CSiteItemList)
                    . SingleOrDefaultAsync( m => m. NewsId = = id) ;
                return View( cNewsList) ;
        }
        // GET:CArea/CNewsLists/Create
        public IActionResult Create( )
        {
                ViewBag. Message = "新增记录...";
                CNewsList rd = new CNewsList( ) ;
                rd. UserId = HttpContext. Session. GetString("userid") ;
                ViewData["ItemCode"] = new SelectList( _context. CSiteItemList,"SiteItemCode",
"SiteItemName",rd. SiteItemCode) ;
                return View( rd) ;
        }
        // POST:CArea/CNewsLists/Create
        // To protect from overposting attacks,please enable the specific properties you want
to bind to,for
        // more details see http://go. microsoft. com/fwlink/? LinkId=317598.
        [HttpPost]
        [ValidateAntiForgeryToken]
        public async Task<IActionResult> Create( CNewsList cNewsList)
        {
                if ( ModelState. IsValid)
                {
                    _context. Add( cNewsList) ;
                    await _context. SaveChangesAsync( ) ;
                    ViewBag. Message = "存储成功...";
                }
                else
                {
```

```
                ViewBag. Message = "存储失败...";
            }
            ViewData["ItemCode"] = new SelectList(_context. CSiteItemList,"SiteItemCode",
"SiteItemName",cNewsList. SiteItemCode);
            return View(cNewsList);
        }
        // GET:CArea/CNewsLists/Edit/5
        public async Task<IActionResult> Edit(long? id)
        {
            ViewBag. Message = "编辑修改...";
            var cNewsList = await _context. CNewsList
                . Include(c => c. CSiteItemList)
                . SingleOrDefaultAsync(m => m. NewsId == id);
            ViewData["ItemCode"] = new SelectList(_context. CSiteItemList,"SiteItem-
Code","SiteItemName",cNewsList. SiteItemCode);
            return View(cNewsList);
        }

        [HttpPost]
        [ValidateAntiForgeryToken]
        public async Task<IActionResult> Edit(CNewsList cNewsList)
        {
            if (ModelState. IsValid)
            {
                try
                {
                    _context. Update(cNewsList);
                    await _context. SaveChangesAsync();
                    ViewBag. Message = "存储成功...";
                }
                catch (DbUpdateConcurrencyException)
                {
                    ViewBag. Message = "存储失败...";
                }
            }
            else
            {
                ViewBag. Message = "存储失败...";
            }
```

```csharp
                ViewData["ItemCode"] = new SelectList(_context.CSiteItemList, "SiteItem-
Code", "SiteItemName", cNewsList.SiteItemCode);
            return View(cNewsList);
        }
        /// <summary>
        /// 详细内容编辑
        /// </summary>
        /// <param name="id">记录号</param>
        /// <returns></returns>
        public async Task<IActionResult> EditDetail(long? id)
        {
            ViewBag.Message = "详细内容编辑修改...";
            var rd1 = await _context.CNewsList.FindAsync(id);
            var rd2 =
    await _context.CSiteItemList.FindAsync(rd1.SiteItemCode);
            ViewBag.title = $"{rd1.TitleName}({rd2.SiteItemName})详细内容";
            ViewBag.detail = rd1.DetailContent;
            ViewBag.id = id;
            return View();
        }

        [HttpPost]
        [ValidateAntiForgeryToken]
        public async Task<IActionResult> EditDetail(long id,
    string detailContent)
        {
            var rd1 = await _context.CNewsList.FindAsync(id);
            rd1.DetailContent = detailContent;
            try
            {
                _context.Update(rd1);;
                await _context.SaveChangesAsync();
                ViewBag.Message = "存储成功...";
            }
            catch (DbUpdateConcurrencyException)
            {
                ViewBag.Message = "存储失败...";
            }
            var rd2 =
```

```
        await _context. CSiteItemList. FindAsync(rd1. SiteItemCode);
                ViewBag. title = $"{rd1. TitleName}({rd2. SiteItemName})详细内容";
                ViewBag. detail = rd1. DetailContent;
                ViewBag. id = id;
                return View();
        }
        // GET:CArea/CNewsLists/Delete/5
        public async Task<IActionResult> Delete(long? id)
        {
                var cNewsList = await _context. CNewsList
                    . Include(c => c. CSiteItemList)
                    . SingleOrDefaultAsync(m => m. NewsId == id);

                return View(cNewsList);
        }
        // POST:CArea/CNewsLists/Delete/5
        [HttpPost, ActionName("Delete")]
        [ValidateAntiForgeryToken]
        public async Task<IActionResult> DeleteConfirmed(long id)
        {
                var cNewsList = await _context. CNewsList. SingleOrDefaultAsync(m => m. NewsId
== id);

                _context. CNewsList. Remove(cNewsList);
                await _context. SaveChangesAsync();
                return RedirectToAction("Index");
        }
        /// <summary>
        /// 项目代表图片上传
        /// </summary>
        /// <param name="id">记录标识</param>
        /// <returns></returns>
        public IActionResult UploadImage(long id)
        {
                var rd = _context. CNewsList. Select(c => new { c. NewsId, c. TitleName,
c. ImageFileName }). FirstOrDefault(c => c. NewsId == id);
                ViewBag. id = id;
                ViewBag. fname = rd. ImageFileName;
                ViewBag. pname = rd. NewsId + "-" + rd. TitleName;
```

```
            ViewBag.path = "NewsImages";
            ViewBag.Message = "代表图片文件上传...";
            return View();
        }
        [HttpPost]
        public IActionResult UploadImage(long id,
    [FromServices]IHostingEnvironment env, IFormFile file)
        {
            //根据记录,设置相关的显示参数
            var rd = _context.CNewsList.Find(id);
            ViewBag.id = id;
            ViewBag.fname = rd.ImageFileName;
            ViewBag.pname = rd.NewsId + "-" + rd.TitleName;
            ViewBag.path = "NewsImages";
            //判断上传文件是否为空
            if (file == null)
            {
                ViewBag.Message = "文件名称不能为空...";
                return View();
            }
            //根据上传文件名生成新文件名称
            var filename = file.FileName;//上传文件的全限定名称
            filename = filename.Substring(filename.LastIndexOf("\\") + 1);//上传文件
的名称
            var fsize = file.Length;
            var extname = filename.Substring(filename.LastIndexOf(".") + 1);//上传文
件的扩展名
            filename = id + ".jpg";//定义新的名称
            //写入数据库
            rd.ImageFileName = filename;
            _context.CNewsList.Update(rd);
            _context.SaveChanges();
            //将上传文件存储到指定的位置
            try
            {
                using (var stream =
    new FileStream(Path.Combine(env.WebRootPath, $"NewsImages \\ {filename}"),
FileMode.Create))
```

```
                    {
                        file. CopyTo( stream) ;
                        stream. Flush( ) ;
                    }
                    ViewBag. Message = $"文件({filename},{fsize} 字节)上传成功...",
                }
                catch ( IOException ee )
                {
                    ViewBag. Message = $"文件({filename},{fsize} 字节)
上传失败...{ee. Message}";
                }
                return View( ) ;
            }
            private bool CNewsListExists( long id )
            {
                return _context. CNewsList. Any( e => e. NewsId == id) ;
            }
        }
    }
```

控制器中由 7 个方法组成, 分别是 Index、Create、Edit、Details、Delete、UploadImage、EditDetail, 对应的功能分别为显示记录、新增记录、编辑记录、显示记录、删除记录、代表图片上传、文章内容编辑。

6.4.2　新闻资讯记录显示视图

新闻资讯记录显示的方法名称是 "Index", 对应的视图文件名称是 "Index. cshtml", 代码内容如下:

```
@ model IEnumerable<bxtest. Models. CNewsList>
@ {
    ViewData["Title"] = ViewBag. ModelName;
}
<h2>@ ViewData["Title"]</h2>
<form asp-action="Index">
<div class="input-group">
<span class="input-group-addon">选择栏目</span>
```

```
<select    name="scode"
asp-items="@ ViewBag. SiteItemCode" class="form-control" >
<option value="">所有</option>
</select>
<span class="input-group-btn">
<button type="submit" class="btn btn-success
glyphicon glyphicon-search">检索</button>
</span>
<span class="input-group-btn">
<a asp-action="Create" class="btn btn-danger
glyphicon glyphicon-plus">新增</a>
</span>
<span class="input-group-btn">
<a asp-area="Admin" asp-controller="Home" asp-action="Index"
class="btn btn-primary glyphicon glyphicon-home">返回</a>
</span>
</div>
</form>
<table class="table table-list">
<tr>
<th>
            @ Html. DisplayNameFor( model => model. NewsId)
</th>
<th>
            @ Html. DisplayNameFor( model => model. TitleName)
</th>
<th>
            @ Html. DisplayNameFor( model => model. SiteItemCode)
</th>
<th>
            @ Html. DisplayNameFor( model => model. CreateDate)
</th>
<th>
            @ Html. DisplayNameFor( model => model. AccessTimes)
</th>
<th></th>
</tr>
    @ foreach ( var item in Model)
```

```
        ┆
    <tr>
    <td>
                    @Html.DisplayFor(modelItem => item.NewsId)
    </td>
    <td>
                    @Html.DisplayFor(modelItem => item.TitleName)
    </td>
    <td>
                    @Html.DisplayFor(modelItem =>
    item.CSiteItemList.SiteItemName)
    </td>
    <td>
                    @Html.DisplayFor(modelItem => item.CreateDate)
    </td>
    <td>
                    @Html.DisplayFor(modelItem => item.AccessTimes)
    </td>
    <td>
    <a asp-action="Edit" asp-route-id="@item.NewsId">编辑</a> |
    <a asp-action="Details" asp-route-id="@item.NewsId">详细</a> |
    <a asp-action="Delete" asp-route-id="@item.NewsId">删除</a> |
    <a asp-action="UploadImage" asp-route-id="@item.NewsId">图片</a> |
    <a asp-action="EditDetail" asp-route-id="@item.NewsId">内容</a>
    </td>
    </tr>
        ┆
    </table>
```

通过变量"scode"(栏目编号)实现栏目选择。

6.4.3 新增记录功能视图

新增记录功能方法名称是"Create",对应的视图文件名称是"Create.cshtml",其代码内容如下:

```
@model bxtest.Models.CNewsList
@{
```

```
        ViewData["Title"] = ViewData.ModelMetadata.DisplayName + "新增记录";
    }
<h2>@ViewData["Title"]</h2>
<hr />
<form asp-action="Create">
<div class="form-horizontal">
<div asp-validation-summary="ModelOnly" class="text-danger"></div>
<div class="form-group">
<label asp-for="TitleName" class="col-md-2
control-label"></label>
<div class="col-md-10">
<input asp-for="TitleName" class="form-control" />
<span asp-validation-for="TitleName"
class="text-danger"></span>
</div>
</div>
<div class="form-group">
<label asp-for="DetailContent" class="col-md-2
control-label"></label>
<div class="col-md-10">
<textarea asp-for="DetailContent" class="form-control"
rows="10"></textarea>
<span asp-validation-for="DetailContent"
class="text-danger"></span>
</div>
</div>
<div class="form-group">
<label asp-for="CreateDate" class="col-md-2
control-label"></label>
<div class="col-md-10">
<input asp-for="CreateDate" class="form-control" />
<span asp-validation-for="CreateDate"
class="text-danger"></span>
</div>
</div>
<div class="form-group">
<label asp-for="TitleAuthor" class="col-md-2
control-label"></label>
```

```
<div class="col-md-10">
<input asp-for="TitleAuthor" class="form-control" />
<span asp-validation-for="TitleAuthor"
class="text-danger"></span>
</div>
</div>
<div class="form-group">
<label asp-for="ImageFileName" class="col-md-2
control-label"></label>
<div class="col-md-10">
<input asp-for="ImageFileName" class="form-control" />
<span asp-validation-for="ImageFileName"
class="text-danger"></span>
</div>
</div>
<div class="form-group">
<label asp-for="AccessTimes" class="col-md-2
control-label"></label>
<div class="col-md-10">
<input asp-for="AccessTimes" class="form-control" />
<span asp-validation-for="AccessTimes"
class="text-danger"></span>
</div>
</div>
<div class="form-group">
<label asp-for="SiteItemCode" class="col-md-2
control-label"></label>
<div class="col-md-10">
<select asp-for="SiteItemCode"
asp-items="@ViewBag.ItemCode" class="form-control"></select>
</div>
</div>
<div class="form-group">
<label asp-for="UserId" class="col-md-2 control-label"></label>
<div class="col-md-10">
<input asp-for="UserId" type="hidden" />
          @Model.UserId
</div>
```

```
</div>
<div class="form-group">
<label asp-for="Remark" class="col-md-2 control-label"></label>
<div class="col-md-10">
<input asp-for="Remark" class="form-control" />
<span asp-validation-for="Remark"
class="text-danger"></span>
</div>
</div>
<div class="form-group">
<div class="col-md-offset-2 col-md-10">
<button type="submit" class="btn btn-danger glyphicon glyphicon-plus">确认存储</button>
<a asp-action="Index" class="btn btn-primary glyphicon glyphicon-list">返回列表</a>
<span class="text-danger">@ViewBag.Message</span>
</div>
</div>
</div>
</form>
@section Scripts {
    @{await Html.RenderPartialAsync("_ValidationScriptsPartial");}
}
```

在此通过

```
select asp-for="SiteItemCode"
asp-items="@ViewBag.ItemCode" class="form-control"></select>
```

实现记录所属栏目的定义。

6.4.4 记录编辑功能视图

记录编辑功能方法名称是"Edit",对应的视图文件名称是"Edit.cshtml",其代码内容如下:

```
@model bxtest.Models.CNewsList
@{
    ViewData["Title"] = ViewData.ModelMetadata.DisplayName + "编辑修改";
```

```
}
<h2>@ ViewData["Title"]</h2>
<hr />
<form asp-action="Edit">
<div class="form-horizontal">
<div asp-validation-summary="ModelOnly" class="text-danger"></div>
<div class="form-group">
<label asp-for="NewsId" class="col-md-2 control-label"></label>
<div class="col-md-10">
<input asp-for="NewsId" type="hidden" />
                @ Model. NewsId
</div>
</div>
<div class="form-group">
<label asp-for="TitleName" class="col-md-2
control-label"></label>
<div class="col-md-10">
<input asp-for="TitleName" class="form-control" />
<span asp-validation-for="TitleName"
class="text-danger"></span>
</div>
</div>
<div class="form-group">
<label asp-for="DetailContent" class="col-md-2
control-label"></label>
<div class="col-md-10">
<textarea asp-for="DetailContent"
class="form-control" rows="10"></textarea>
<span asp-validation-for="DetailContent"
class="text-danger"></span>
</div>
</div>
<div class="form-group">
<label asp-for="CreateDate" class="col-md-2
control-label"></label>
<div class="col-md-10">
<input asp-for="CreateDate" class="form-control" />
<span asp-validation-for="CreateDate"
```

```
class="text-danger"></span>
</div>
</div>
<div class="form-group">
<label asp-for="TitleAuthor" class="col-md-2
control-label"></label>
<div class="col-md-10">
<input asp-for="TitleAuthor" class="form-control" />
<span asp-validation-for="TitleAuthor"
class="text-danger"></span>
</div>
</div>
<div class="form-group">
<label asp-for="ImageFileName" class="col-md-2
control-label"></label>
<div class="col-md-10">
<input asp-for="ImageFileName" class="form-control" />
<span asp-validation-for="ImageFileName"
class="text-danger"></span>
</div>
</div>
<div class="form-group">
<label asp-for="AccessTimes" class="col-md-2
control-label"></label>
<div class="col-md-10">
<input asp-for="AccessTimes" class="form-control" />
<span asp-validation-for="AccessTimes"
class="text-danger"></span>
</div>
</div>

<div class="form-group">
<label asp-for="SiteItemCode" class="col-md-2
control-label"></label>
<div class="col-md-10">
<select asp-for="SiteItemCode"
asp-items="@ViewBag.ItemCode" class="form-control"></select>
</div>
```

```html
</div>
<div class="form-group">
<label asp-for="UserId" class="col-md-2 control-label"></label>
<div class="col-md-10">
<input asp-for="UserId" type="hidden" />
                @Model.UserId
</div>
</div>
<div class="form-group">
<label asp-for="Remark" class="col-md-2 control-label"></label>
<div class="col-md-10">
<input asp-for="Remark" class="form-control" />
<span asp-validation-for="Remark"
class="text-danger"></span>
</div>
</div>
<div class="form-group">
<div class="col-md-offset-2 col-md-10">
<button type="submit" class="btn btn-danger
glyphicon glyphicon-plus">确认存储</button>
<a asp-action="Index" class="btn btn-primary
glyphicon glyphicon-list">返回列表</a>
<span class="text-danger">@ViewBag.Message</span>
</div>
</div>
</div>
</form>
@section Scripts {
    @{await Html.RenderPartialAsync("_ValidationScriptsPartial");}
}
```

通过 input 标签的 type='hidden'将数据项"NewsId"的可编辑属性屏蔽。

6.4.5 记录详细内容显示功能视图

记录各个数据项目的详细内容显示功能方法名称是"Details"，对应的视图文件名称是"Details.cshtml"，其代码内容如下：

```
@ model bxtest. Models. CNewsList
@ {
    ViewData["Title"] = ViewData. ModelMetadata. DisplayName + "详细信息";
    int i = 1;
}
<h2>@ ViewData["Title"]</h2>
<table class="table table-list" style="table-layout:fixed;">
<tr>
<th style="width:80px;">序号</th>
<th style="width:160px;">项目</th>
<th>内容</th>
</tr>
    @ foreach ( var item in ViewData. ModelMetadata. Properties)
    {
        if (! item. IsComplexType)
        {
<tr>
<td style="text-align:center;">@ (i++)</td>
<td style="text-align:right;">
@ Html. DisplayName(item. PropertyName)</td>
<td><pre>@ Html. Display(item. PropertyName)</pre></td>
</tr>
        }
    }
</table>
<div>
<a asp-action="Index" class="btn btn-primary glyphicon glyphicon-list">返回列表</a>
</div>
<style type="text/css">
    pre {
        padding:0;
        margin:0;
        background-color:#ffffff;
        font-size:larger;
        border:none;
    }
</style>
```

代码"int i = 1;"是为了显示记录序号（行号）定义的变量。

6.4.6　记录删除功能视图

记录删除功能方法名称有"Delete"和"DeleteConfirmed"，前者是第一次调视图所使用的方法，用来显示记录信息和删除确认；第二个方法是在确认删除提交后调用的方法，实现记录从数据库中删除。二者对应的视图文件名称是"Delete. cshtml"，其代码内容如下：

```
@ model bxtest. Models. CNewsList
@ {
    ViewData["Title"] = ViewData. ModelMetadata. DisplayName + "记录删除";
    int i = 1;
}
<h2>@ ViewData["Title"]</h2>
<table class = "table table-list" style = "table-layout:fixed;">
<tr>
<th style = "width:80px;">序号</th>
<th style = "width:160px;">项目</th>
<th>内容</th>
</tr>
    @ foreach (var item in ViewData. ModelMetadata. Properties)
    {
        if (! item. IsComplexType)
        {
<tr>
<td class = "text-center">@ (i++)</td>
<td class = "text-right">
@ Html. DisplayName(item. PropertyName)</td>
<td>@ Html. Display(item. PropertyName)</td>
</tr>
        }
    }
</table>
<form asp-action = "Delete" asp-route-id = "@ Model. NewsId">
<div class = "form-actions no-color">
<button type = "submit" class = "btn btn-danger glyphicon
glyphicon-remove">确认删除</button>
<a asp-action = "Index" class = "btn btn-primary glyphicon
```

```
glyphicon-list">返回列表</a>
</div>
</form>
```

在控制器中，通过使用代码"〔HttpPost，ActionName（"Delete"）〕"方法属性定义将"DeleteConfirmed"方法的实际调用名称定义为"Delete"。

6.4.7 代表图片上传功能视图

代表图片是指在文章内容显示时所插入的示意性质的图片，每篇文章配置一个代表图片。代表图片上传功能的方法名称是"UploadImage"，其所使用的视图文件名称是"UploadImage. cshtml"，其代码内容如下：

```
@{
    ViewBag. Title = $"项目〔{ViewBag. pname}〕代表图片上传";
}
<h2>@ ViewBag. Title</h2>
<hr />
<form asp-action="UploadImage" asp-route-id="@ ViewBag. id"
enctype="multipart/form-data">
<input type="file" name="file" class="form-control" />
<hr />
<button type="submit" class="btn btn-danger glyphicon glyphicon-upload">确认上传</button>
<a asp-action="Index" class="btn btn-primary glyphicon glyphicon-list">返回列表</a>
<span class="text-danger">@ ViewBag. Message</span>
</form>
<hr />
<div>
<img src="~/@ ViewBag. path/@ ViewBag. fname" />
</div>
```

在控制器中有两个同名的方法，通过方法属性定义或方法参数定义区分第一次调用和确认提交所使用的方法。

6.4.8 文章内容编辑功能视图

文章内容属于格式化多字符数据项目，因此特别增加专门的编辑修改功能。

文章内容编辑功能方法名称是"EditDetail",对应的视图文件名称是"EditDetail.cshtml",其代码内容如下:

```
@ model String
@ {
    ViewData["Title"] = ViewBag. title ;
}
<h2>@ ViewData["Title"]</h2>
<hr />
<form asp-action="EditDetail" asp-route-id="@ ViewBag. id">
<textarea name="DetailContent"  class="form-control"
rows="30" style="font-size:larger;">
        @ ViewBag. detail
</textarea>
<hr />
<div class="form-group">
<div class="col-md-offset-2 col-md-10">
<button type="submit" class="btn btn-danger glyphicon
glyphicon-plus">确认存储</button>
<a asp-action="Index" class="btn btn-primary
glyphicon glyphicon-list">返回列表</a>
<span class="text-danger">@ ViewBag. Message</span>
</div>
</div>
</form>
@ section Scripts {
    @ {await Html. RenderPartialAsync("_ValidationScriptsPartial") ;}
}
```

在控制器中,第一个 EditDetail 通过 id 参数检索需要编辑的内容,通过 ViewBag 临时动态变量传入视图;修改完成确认提交后,调用第二个带有"[HttpPost]"方法定义的 EditDetail 方法,并将修改后的内容传入方法中,实现存储功能。

通过输入(input)标签类型定义(type="file")实现图片文件的选择并提交任务。

本章小结

　　本章内容选取后台系统中 6 个功能组的代表功能的设计内容，每个功能从控制器设计开始，详细说明了数据管理实现的 CRUD 方法及其代码技术组成和工作原理，在此基础上根据管理对象的不同，对其中特别的内容加以补充说明。

　　功能组中的其他功能模块由于篇幅限制，不再另开章节说明，其中设计内容请扫二维码获取。

参 考 文 献

［1］ 张剑桥 . ASP. NET Core 跨平台开发从入门到实战［M］. 北京：电子工业出版社，2017.

［2］ James Singleton. ASP. NET Core 1. 0 High Performance［M］. 美国：Packt Publishing，2016.

［3］ 李争，张广彧 . 微软开源跨平台移动开发实践［M］. 北京：清华大学出版社，2017.

［4］ James Chambers，David Paquette，Simon. ASP NET Core 应用开发［M］. 北京：清华大学出版社，2017.

［5］ 蒋金楠 . ASP NET MVC 5 框架揭秘［M］. 北京：电子工业出版社，2014.

［6］ 明日科技 . C#从入门到精通（第 4 版）［M］. 北京：清华大学出版社，2017.

［7］ 软件开发技术联盟 . C# 开发实例大全（基础卷）［M］. 北京：清华大学出版社，2016.

［8］ 许健才 . SQL Server 2014 数据库项目案例教程［M］. 北京：电子工业出版社，2017.

［9］ 马克·米凯利斯（Mark Michaelis），埃里克·利珀特（Eric Lippert）. C# 6. 0 本质论［M］. 北京：人民邮电出版社，2017.

［10］ 明日科技 . SQL Server 从入门到精通［M］. 北京：清华大学出版社，2012.

［11］ Microsoft Virtual Academy. Introduction to ASP. NET Core with Visual Studio 2017［OL］. https：//mva. microsoft. com/en－US/training－courses/introduction－to－asp－net－core－1－0－16841，2016.

［12］ Taylor Mullen，Rick Anderson. Razor Syntax Reference［OL］. https：//www. cnblogs. com/dotNETCoreSG/p/aspnetcore-4_3_2-razor. html，2016.

［13］ 刘林，王新 . 管理信息系统［M］. 北京：科学出版社，2006.

［14］ 王新 . 基于 DW 技术的管理信息系统分析设计实践［M］. 北京：对外经济贸易大学出版社，2013.

［15］ 王新 . 基于 MVC 和 EF 架构的监理信息系统开发实践［M］. 北京：冶金工业出版社，2015.

［16］ Steve Smith. ASP. NET Core MVC 概述［OL］. https：//docs. microsoft. com/zh－cn/aspnet/core/mvc/overview，2018.

后　记

　　信息系统的设计、开发、应用是一个漫长的过程，在开始本书中的项目时经过市场和应用项目开发的调研，发现了 MVC 架构在开发 WEB 项目方面的优势以及 Visual Studio 2017 集成开发平台的技术综合性特点。从初始的原形开发到目前，VS 平台又经历了多次升级，到 2017 版本时，已经将 WEB 开发所涉及的技术，例如 ASP. NET Core、MVC、EFCore、JQuery、C#、HTML5、CSS3 等集于一身，在项目开发过程中发挥了巨大的优势，也成就了项目的实现和应用。

　　环境检测信息服务系统项目的建设和开发是基于 ASP. NET Core MVC 架构、利用 VS2017 开发工具所建设的项目，将其开发过程、开发方法以及所用技术内容整理成册，付诸出版，基于以下几点考虑：

　　(1) 项目的应用，经过了实践的考验，稳定可靠，在不断完善的过程中，成长发展。目前 VS 已升级至 2017，并不断发展。随着技术不断更新和完善，本项目还需要持续升级开发和完善。

　　(2) 系统设计思想和数据模型设计方案被众多类似系统借鉴，充分体现"一个中心"向外辐射的"面向对象"的管理思想和思路，并且对大型企业管理信息系统建设具有指导借鉴意义。

　　(3) 在历年的"管理信息系统"及相关课程的教学实践中，作为经典案例引入课堂，在培养学生理解和实践"管理信息系统"课程内容方面，作用显著，一个项目同时传授多项技术应用。

　　(4) MVC 和基于此的开发技术在不断发展，相关工具不断推出和完善，特色技术长青，新功能屡屡呈现，为程序员所青睐。

　　感谢北京物资学院信息学院大力支持，感谢"北京市智能物流系统协同创新中心"提供的资助，感谢项目实施相应单位和单位领导的支持。

作　者

2018 年 2 月